玫瑰月季完整手册

ときめく薔薇図鑑

[日] 元木春美——著 [日] 大作晃一——摄影 药草花园 陆蓓雯—译

中信出版集团 | 北京

图书在版编目（CIP）数据

玫瑰月季完整手册 / （日）元木春美著；（日）大作晃一摄影；药草花园，陆蓓雯译 . -- 北京：中信出版社，2021.6

ISBN 978-7-5217-3082-1

Ⅰ . ①玫… Ⅱ . ①元… ②大… ③药… ④陆… Ⅲ . ①月季－观赏园艺②玫瑰花－观赏园艺 Ⅳ . ① S685.12

中国版本图书馆 CIP 数据核字 (2021) 第 074822 号

玫瑰月季完整手册

著　　者：[日]元木春美
摄　　影：[日]大作晃一
译　　者：药草花园　陆蓓雯
审　　订：天冬
出版发行：中信出版集团股份有限公司
（北京市朝阳区惠新东街甲4号富盛大厦2座　邮编　100029）
承 印 者：北京盛通印刷股份有限公司

开　　本：787mm×1092mm　1/16　　印　　张：12.75　　字　　数：100千字
版　　次：2021年6月第1版　　印　　次：2021年6月第1次印刷
京权图字：01-2021-1807
书　　号：ISBN 978-7-5217-3082-1
定　　价：88.00元

序 欢迎来到迷人的玫瑰世界

自从开始和玫瑰一起生活，我度过了很多心醉神迷的美好时光。我痴迷它们美丽的花朵和迷人的香气，也享受将它们用于日常生活中。当我们了解了玫瑰的历史，就会发现自遥远的古代起，这些令人心动的玫瑰时光，就一直伴随着人类生活。希望大家通过翻阅这本书，可以从始终闪烁着光芒的玫瑰中，获得更多怦然心动的时刻。

目录

story 3

第三章 尽情享受玫瑰生活

story 4

第四章 打造一座玫瑰花园

story 5

第五章 玫瑰的秘密

第一章

历史悠久的玫瑰世界

story 1

现在世界上大约有 3 万种玫瑰，其中约 150~200 种为野生的蔷薇。
所有的野生蔷薇都诞生于北半球。它们姿态高雅，香气馥郁……
请跟随我一起进入玫瑰的魅惑世界吧。

历史上的玫瑰

玫瑰是蔷薇科蔷薇属植物，现约有 3 万个品种。美国科罗拉多州和俄勒冈州中生代白垩纪到新生代第三纪始新世（距今约 7000 万至 3500 万年）的地层里，发现了最早的玫瑰化石。

世界上有关玫瑰的最早记录，来自创作于约公元前 2150 年的《吉尔伽美什史诗》，这是一部关于古代美索不达米亚地区苏美尔王朝时期乌鲁克国王吉尔伽美什的赞歌。

而有关玫瑰最古老的绘画，则来自一幅名为《有青鸟的庭院》的壁画（现为伊拉克利翁考古学博物馆收藏），发掘于希腊克里特岛上建于约公元前 1500 年的克诺索斯宫殿。画中所描绘的玫瑰，推测是由小亚细亚经爱琴海东南端的罗得岛辗转抵达克里特岛的。在古希腊语中，罗得有玫瑰之意。

此后，玫瑰陆续出现在古罗马时期的壁画中。在历经英国玫瑰战争（玫瑰成为都铎王朝的徽章）等各种坎坷的历史阶段后，更多与玫瑰有关的故事，在意大利文艺复兴时期的绘画中，以及后来法国皇帝拿破仑一世的皇后约瑟芬的玫瑰传奇故事中继续上演着。

日语和英语中的玫瑰、月季、蔷薇没有区分用语，而在中文里这三个名词很容易混淆，本书将三者的统称译为“玫瑰”，原生品种译为“蔷薇”，园艺杂交品种译为“月季”。——译者注

了解玫瑰历史的5个关键点

1

古罗马时代的壁画

古罗马第一代皇帝奥古斯都的情人利比亚的行宫餐厅壁画上，就已出现石榴、枣椰、洋甘菊、月桂树等植物，其中也有被认为是“高卢玫瑰”的玫瑰。

2

作为药材及香料的玫瑰

古波斯时期即开始栽培玫瑰，主要作为药用和香料，后传至中东、东欧、希腊和罗马等地。高卢玫瑰药用时也被称作“药用玫瑰”。

3

玫瑰战争

指英国自1455年开始的争夺王位继承权的战争，持续时间长达30年，因交战方约克家族的徽章是白玫瑰（阿尔巴玫瑰）、兰开斯特家族的徽章是红玫瑰（高卢玫瑰），所以也被称作“玫瑰战争”。

4

桑德罗·波提切利

波提切利为文艺复兴早期画家，他因得到意大利美第奇家族的支持，陆续创作出《维纳斯的诞生》《春》等杰作。画中精细描绘出高卢玫瑰、千叶玫瑰以及阿尔巴玫瑰的风姿。

约瑟芬与《玫瑰圣经》

法国皇帝拿破仑的皇后约瑟芬非常喜爱玫瑰。她在自己的住处梅尔梅森城堡收集了来自世界各地的共计300多个品种的玫瑰。并且，她还任命画家雷杜德为宫廷画师，着手画下这些玫瑰。后来雷杜德将这些画作收集整理出版，就是众所周知的《玫瑰圣经》。

历史上的玫瑰狂热爱好者

自古以来玫瑰就令人着迷，尤其深受古希腊文化学者的喜爱。受此影响，古罗马人为了表达对玫瑰的热爱，以玫瑰命名了节假日“玫瑰日”，并在街角摆放漂浮着玫瑰花瓣的水瓮，在公共浴池里撒上玫瑰花瓣，枕头里塞入玫瑰干花，喝添加了玫瑰花瓣的葡萄酒，食用玫瑰布丁，享受与玫瑰朝夕相伴的生活。

古埃及人也非常喜爱玫瑰，在最古老的农耕文化遗址之一的法尤姆的古墓里，发现了大约 7000 年前的玫瑰花环。在美索不达米亚，苏美尔王朝时期乌尔纳姆的皇家果园里，玫瑰与葡萄、无花果一同种植。1888 年，英国考古学者皮特里在古埃及的墓地遗址中发现了由五瓣花的玫瑰制作的花环，推测其为一种名为 Rosa sancta 的原生蔷薇。

在古埃及，玫瑰因被认为是爱与命运的守护神而受到推崇，是献给女神伊西斯的鲜花之一；在古希腊神话里，玫瑰象征女神维纳斯的爱，以及喜悦、美和纯洁；在伊斯兰教和基督教中，玫瑰几乎出现在所有的场景里。

为玫瑰所倾倒的历史名人

1 荷马

荷马为公元前 8 世纪左右的古希腊诗人。他在古希腊最早的史诗之一《伊利亚特》中写道，“阿芙洛狄忒涂抹着玫瑰的香油”，并用“玫瑰般的面颊”来形容年轻人的美貌。

2 萨福

萨福生活在公元前 7 世纪后半叶至公元前 6 世纪前半叶，是古希腊第一位女诗人，她讴歌“玫瑰是花之女王，它的香气仿佛恋爱的气息”。

3 阿那克里翁

阿那克里翁为公元前 6 世纪左右的希腊抒情诗人，他在诗中写道，“玫瑰是恋之花，玫瑰是爱之花，玫瑰是花之女王”。

4 克利奥帕特拉

埃及女王克利奥帕特拉在迎接罗马将军安东尼的时候，曾用玫瑰花瓣铺地。据说她还会用玫瑰花水来沐浴，由此可看出古埃及玫瑰栽培的繁盛。

尼禄皇帝

罗马帝国第五任皇帝尼禄因对玫瑰狂热而出名。传说，他酷爱佩戴玫瑰花冠，宫廷晚宴钟爱用玫瑰装饰房间，喜欢洗玫瑰花瓣浴，甚至将一位宾客埋于玫瑰花瓣中，导致其窒息而死。

日本的玫瑰历史

日本关于玫瑰最早的文献记载，是公元 721 年左右成书的《常陆风土记》，其中有“茨”一词。在日本俳句经典著作《万叶集》里也有关于“茨”的说法。而在成书于 10 世纪初的《古今和歌集》里，玫瑰则记载为“蔷薇”，其发音来自中文“蔷薇”的读音，由此大概可以推测中国的蔷薇就是在这个时期来到日本的。在中国，“蔷薇”指一季开花的野生品种和藤本品种，“月季”指四季开花的直立性品种，而“长春”则是文学上对月季的表达方式。

在创作于平安时代的《枕草子》和《源氏物语》里，也有“蔷薇”的说法。藤原定家在日记《明月记》中提及的“长春花”，则是由中国传来的“庚辛蔷薇”（月季花）。

在日本绘画史上，描绘镰仓时代藤原氏家族神社、春日大社祭祀及其来历的灵验故事《春日权现验记绘》的手卷中，就有玫瑰的身影。江户时代出版了若干种有关玫瑰的园艺书。从日本最早的植物图鉴《本草图谱》中，我们可以了解当时日本已有的玫瑰品种。

明治时代，日本人非常着迷于外国人在自己住处种植的玫瑰，出于这样的向往，他们开始热情高涨地种植各种玫瑰。随着玫瑰人气日盛，人们开始热衷于举办花卉品评会，培育新品种玫瑰。明治后期，东京近郊的温室里开始栽培切花用的玫瑰。

玫瑰在日本

1

《常陆风土记》

《常陆风土记》在关于“茨城”的条目中写道：“居住在洞穴之中的人们，为了消灭威胁其生存的强盗佐伯人，将野蔷薇的刺杆放在洞穴里，然后将强盗赶入洞中刺杀。”

2

《万叶集》

《万叶集》中有一句“好像缠绕在路边野蔷薇上的野豌豆藤，我扔下缠绵悱恻的你离去”，以此来表达离别的心情。

3

支仓常长和玫瑰寺

宫城县松岛圆通院三慧殿的佛龛上，绘有西洋玫瑰图案，因此圆通院又被称为“玫瑰寺”。据说图案是依照日本第一位被派往欧洲的大使支仓常长从欧洲带回的一幅西洋画所绘。目前，三慧殿为日本国家指定的重要文化遗产。

4

长崎哥拉巴公园

公园里生长着一株日本最古老的木香树，树龄超过 100 年。木香树位于 1865 年建造的奥尔特宅邸前，宅邸由出生于天草的建筑专家小山秀之进所建。

5

横滨港口

1859 年横滨港口开放后，横滨山手地区被划为外国人居留地。在此居住的外国人在庭院里种植西洋玫瑰，开放的花朵华美富丽，吸引了周围众多日本人欣羡的目光，它们被称为“牡丹蔷薇”。

玫瑰的分类与花型

玫瑰大致可以分为野蔷薇、古老玫瑰、现代月季三大类。野生蔷薇约有 150~200 个品种，本书将介绍为现代月季诞生做出贡献的原生品种，它们也可以说是对玫瑰的品种改良做出过巨大贡献的野生品种。

※ **药用法国蔷薇** 最古老的欧洲野生品种，红玫瑰之祖。

※ **大马士革玫瑰** 主要贡献是培育出具有大马士革玫瑰香气的芳香品种。

※ **麝香蔷薇** 主要贡献是产生了多花性的蔷薇。

※ **中国月季** 主要贡献是产生了四季开花的月季。

※ **中国小月季** 微型月季的祖先，为各种微型月季品种以及小姊妹月季的诞生做出了贡献。

※ **大花香水月季** 为月季带来尖瓣花瓣和红茶一般的香气（茶香）。

※ **犬蔷薇** 欧洲园艺品种的主要砧木。

※ **多花蔷薇** 也叫野蔷薇，在日本通常作为园艺品种的砧木。
19 世纪初传到欧洲，为蔓生蔷薇和小姊妹月季的育种做出了贡献。

※ **光叶蔷薇** 19 世纪末传到法国和美国，为藤本月季的诞生做出了贡献。

※ **异味蔷薇** 为黄色月季的诞生做出了贡献。

※ **野生玫瑰** 为有耐寒性月季的诞生做出了贡献。

玫瑰的主要花型

1 单瓣

五枚花瓣平展开放，露出花蕊，给人轻盈可爱的印象。除了野生种，园艺种中的单瓣花最近也很受欢迎，有很多品种。

2 半重瓣

比单瓣花的花瓣多一倍，平开，露出花蕊，甜美可爱，也是很有人气的花型。

3 杯状

外侧花瓣稍微向内弯曲，支撑中间花瓣。弯度大的是深杯状，弯度小的是浅杯状。

4 莲座状

古老玫瑰中多见的花型，花瓣多，蓬松开花，姿态优雅。分成四片花心的也叫四分花型。

5 尖瓣高心状

花瓣尖端翻卷后，成为类似大花香水月季的尖形花瓣。花的中心高高凸起。杂交茶香月季等现代月季以这种花型居多，规整的形态非常美丽。还有比尖瓣花型稍微柔和一些的半尖瓣花型。

古老玫瑰系统和现代月季系统

古 老 玫 瑰 系 统

G（高卢玫瑰系统）这是古老玫瑰的起源，是从野生种药用法国蔷薇突然变异而来的品种群。

D（大马士革玫瑰系统）由野生种药用法国蔷薇和其他野生种（腓尼基蔷薇等，有多种说法）杂交而成的品种群。

A（阿尔巴玫瑰系统）由野生种犬蔷薇和大马士革玫瑰系统杂交而成的品种群。

C（百叶玫瑰系统）为大马士革玫瑰系统和阿尔巴玫瑰系统的杂交品种群，诞生于 16 世纪前后。

Ch（中国月季系统）由中国月季形成的品种群。

P（波特兰玫瑰系统）推测应该是由“秋花大马士革玫瑰”与“施氏猩红月季”杂交而成。最早的品种为“波特兰公爵夫人”（1800 年），由波特兰公爵夫人在意大利发现并带回英国。

N（诺伊赛特玫瑰系统）由麝香蔷薇和中国月季“月月粉”杂交而成，最早的品种名为“查普尼斯粉色花”（1811 年）。这种玫瑰的实生品种“红星诺伊赛特”，是由诺伊赛特兄弟在法国推广开来的。

B（波旁玫瑰系统）经推测，应该是由“秋花大马士革玫瑰”和中国月季杂交而得。本系统中最早的品种“爱德华玫瑰”（1819 年前），由法国植物学家布莱翁在波旁群岛发现并命名。

M（苔藓玫瑰系统）17 世纪末因百叶玫瑰系统的品种突然变异而诞生的品种群。

T（茶香月季系统）以来自中国的“休氏粉晕香水月季”或“帕氏黄花香水月季”作为亲本之一，培育出的品种群。

HArv（杂交阿尔文蔷薇系统）以欧洲原生种阿尔文蔷薇产生的杂交品种群，也叫埃尔郡玫瑰系统。

HMult（杂交多花蔷薇系统）以亚洲的多花蔷薇（野蔷薇）为亲本，培育出的杂交品种群。

HSet（杂交草原蔷薇系统）由北美野生草原蔷薇杂交而成的品种群。

HP（杂交常青玫瑰）由波特兰玫瑰系统、诺伊赛特玫瑰系统、波旁玫瑰系统、茶香月季系统等杂交而成的品种群。

现代月季系统

根据美国玫瑰协会的说法，1867 年法国的古伊洛特培育出现代月季的第一号品种“法兰西”，从此进入现代月季的时代。这一说法已得到普遍认可。

HT（杂交茶香系统）杂交常青玫瑰和茶香月季之间的杂交，1867 年诞生的“法兰西”是第一号品种。

ClHT（藤本杂交月季系统）杂交茶香月季突然变异而诞生的藤本月季品种群。

Min（微型月季系统）中国月季突然变异而诞生了中国小月季，以此种为祖先杂交而成的品种群。

Pol（小姊妹月季系统）野蔷薇和中国小月季的杂交种“雏菊”（Pâquerette，1875 年）为第一号品种。

F（丰花月季系统）小姊妹月季和杂交茶香月季杂交而诞生的品种群。

Gr（壮花月季系统）杂交茶香月季与丰花月季杂交而得，在美国诞生。

HMsk（麝香蔷薇系统）以麝香蔷薇为亲本的品种群。

HRg（杂交玫瑰系统）以野生玫瑰为亲本，杂交诞生的品种群。

S（灌木月季系统）广义上指半藤本月季，狭义上指半藤本月季中的灌木类别（现代灌木月季）。

HWick（光叶蔷薇系统）光叶蔷薇的杂交品种群。

CL（藤本月季系统）由各种杂交月季及直立月季的芽变而产生的品种群。

HBrun（复伞房蔷薇系统）中国西部、不丹、尼泊尔原生的复伞房蔷薇杂交而得的品种群。

Patio（庭院月季系统）微型月季系统和丰花月季系统杂交而得的品种群。

第二章

迷人的玫瑰品种

story

2

玫瑰有着迷人的形态。

它们的枝条上布满刺，或是绽放出优雅的花朵，或是散发着浓郁的香气；

玫瑰纯洁的花朵，有的低垂开放，有的则凛然指向蓝天；有的呈莲座状，有的呈杯状……

独特而美妙的风姿，总是令人不禁屏住呼吸。

图例详解

6 品种特写

白色背景有助于清晰地看到花朵绽放时的形态，以及叶子和茎上的小刺。

7 简要资料

系统名 所属系统以字母表示
育种者 培育并申请专利的人或公司
国家 培育者或公司所属国家
年份 推广的年份，是了解玫瑰根源的宝贵资源
开花花型 详见第9页“玫瑰的主要花型”介绍

8 开花花型示意图

玫瑰知识小贴士：

一季开花 只有春季开花的月季。
四季开花 春季到秋季都会开花的月季，夏季花较少，有的地区可能到晚秋都可以持续看到花开。

❶ 类别

作者依据多年来对玫瑰的研究及栽培经验，所进行的独一无二的分类。

（1）令人憧憬的经典玫瑰品种

（2）富有香气的玫瑰品种

包括六种芳香品种

大马士革香 以大马士革玫瑰为基准的香气，是深郁、浓厚、华丽的甜香。

果香 桃子、洋梨、苹果、菠萝、柑橘等甜美清爽的香气。

茶香 红茶般的清爽香气，柔和高雅。

辛香 香料中的丁香一般的香气。

没药香 来自伞形科植物甜没药（别名“花园没药”）的香气，带有茴香气息。

蓝香 蓝玫瑰品种特有的香气，大马士革香气中混着茶香的清爽甜香。

（3）新手也易栽培的玫瑰品种

适合盆栽的品种

适合造型的藤本月季

可食用的玫瑰

另外，还介绍了以甜品命名的玫瑰、条纹复色玫瑰、有着美丽花萼的玫瑰、适合用于花艺设计的玫瑰、果实美丽的玫瑰等玫瑰小知识。

❷ 名称

❸ 品种介绍

品种的分类、起源、特征、绽放形态以及养护要点。

❹ 品种自然生长照片

品种介绍及养护要点。

❺ 编号

富有香气的玫瑰品种

Pat Austin

21.

帕特·奥斯汀

美得令人窒息的橘黄色花朵

茶香

这个品种为大朵杯状花，花瓣正面是橘黄色，背面是黄色，随着时间增长会变成古铜色，颜色变深后光彩倍增。最初见到这种玫瑰的介绍时，我就被它那带有深沉古铜色的橘黄色深深打动。它是育种者奥斯汀献给自己妻子的品种，非常强健，即使种植在有些荫蔽的地方，也可以生长良好。香味是略带香料气息的茶香。

◀ 这种玫瑰经常从植株基部发出新笋芽，是非常好培育的品种。充满活力的橘黄色明丽亮眼，动人心魄。

71

01. 黑影夫人 *The Dark Lady*

02. 摩纳哥公主夏琳 *Princess Charlene de Monaco*

03. 威斯利 2008 *Wisely 2008*

04. 奥利维亚 Olivia Rose Austin
05. 金边 Golden Border
06. 夕雾 Yuugiri

07. 天方夜谭（雪拉莎德）Sheherazad
08. 黛丝德蒙娜 Desdemona
09. 达芙妮 Daphne

10. 玛丽亚·特蕾西亚 *Mariatheresia*

11. 香格里拉 *Shangri-La*

12. 博教堂之钟 *Bow Bells*

一

令人憧憬的经典玫瑰品种

01 ～ 12

The Dark Lady

01. 黑影夫人

仿佛一位华丽的贵妇

黑影夫人为高约150厘米的灌木，可横向生长，花朵大，为莲座状，绽放于柔韧的枝条末端。花朵初开时颜色为深红色，后逐渐转为暗红色。从春天到秋天，开花性都很好，秋天的花朵颜色更深。它的名字来自莎士比亚十四行诗中的人物——诱惑俊美青年的“黑影夫人”。

◀ 春季的大朵初花令人心醉神迷，以至忘记过去一年的辛劳。这个品种在培育时，付出得越多，花开之时就越丰盛。

01.

系统名｜S
育种者｜**大卫·奥斯汀**
国家｜**英国**
年份｜**1991年**
开花花型｜**大型花，莲座状**

摩纳哥公主夏琳

Princess Charlene de Monaco

02.

清纯，高贵，美妙

该品种曾被献给摩纳哥亲王阿尔伯特二世的王妃夏琳，并以夏琳的名字命名。它株高150厘米，半直立性，四季开花。花瓣为柔粉色带点橘色，富有光泽。打开后，转为淡淡的橙粉色（鲑鱼粉）。花朵为杯状，花瓣有着和缓的波浪形皱褶。虽然被归为杂交茶香月季（HT）系统，但是有着古典的华美感，且香气浓郁，兼具高雅与可爱两种气质。

◀ 大花，香气浓郁，非常高雅，且易栽培、好打理，充满现代月季的魅力。

02.

系统名｜**HT**

育种者｜**米歇尔·梅兰·理查德**

国家｜**法国**

年份｜**2014年**

开花花型｜**波浪边，杯状**

Wisely 2008

03. 威斯利 2008

内包花型，气质高雅

中型花，纯净且柔和的淡粉色花朵，绽放时外侧的花瓣色白通透。初开时花朵呈杯状，之后转为莲座浅杯状，四季开花。株高 150 厘米，为直立性灌木，易于打理。它以位于英国萨里郡的英国皇家园艺协会的多样性植物花园“威斯利花园”的名字命名。

◀ 纤细的枝条向上伸展，形成株型优美的灌木。植株强健，易打理，适合在花坛前方种植。

03.

系统名 | **S**
育种者 | **大卫·奥斯汀**
国家 | **英国**
年份 | **2008年**
开花花型 | **杯状—浅杯状**

Olivia Rose Austin

04.

奥利维亚

带有透明感的淡粉色花朵，极具魅力

淡粉色的杯状—浅杯状花朵，好像茶花中的“乙女椿”。沿枝条倾斜向上开放，花朵持久性好，耐病性强，散发出馥郁的香气。育种者大卫·奥斯汀曾说：“这可能是我至今为止培育出的最佳品种。”它的确是一款名副其实的美妙玫瑰，并且独具一格地以奥斯汀孙女的名字命名。

◀ 易开花，花期长，是花型、花色、香气兼备的品种，无论地植还是盆栽，都能茁壮生长。

04.

系统名｜S

育种者｜**大卫·奥斯汀**

国家｜**英国**

年份｜**2014年**

开花花型｜**杯状—浅杯状**

Golden Border

强健，多花，易栽培

05. 金边

明亮的花色看起来朝气蓬勃，每根枝头都绽放出大量纯净的柠檬黄色花，形成壮观的花簇。开花不断，需要及时摘除残花，可延长赏花的时间。

金边为株高 1 米左右的直立性株型，因为开花性太好，适合种植在花坛的前方和花境里。四季开花，花朵的持久性、耐病性都很优秀，刺少，它对于新手来说，是非常容易栽培的品种。

◀ 好像满员电车一般拥挤的花簇，饱满的姿态非常喜人。

05.

系统名｜**F**
育种者｜**哈瓦博格**
国家｜**荷兰**
年份｜**1993年**
开花花型｜**小型—中型花，杯状**

Yuugiri

06. 夕雾

花茎直挺，威风凛凛

“夕雾”的美名副其实，它的白底花瓣边缘染着淡淡的粉红色，白色和粉色渐变融合。从花蕾到花朵开放，任何时间都美妙非凡。如果你正在寻找一种花色细腻的杂交茶香月季，那么不妨试试它。它株高约 120 厘米，笔直向上生长，枝头的高心花朵也凛然挺立，四季开花性强，细腻的渐变花色美不胜收。秋季时粉色会更深一些。

◀ 其丝绸般的花色常常令人忍不住将其带回家。作为一种茶香月季，它与其他植物很容易搭配。

06.

系统名｜**HT**
育种者｜**铃木省三**
国家｜**日本**
年份｜**1987年**
开花花型｜**尖瓣高心状**

Sheherazad

07.

天方夜谭

别名：雪拉莎德

重重叠叠的波浪边，仿佛演奏着世界名曲

“天方夜谭”的不可思议之处，在于它的白色花蕾上带有一些玫瑰粉色和青绿色。当花蕾初绽，便展现出略带蓝调的玫瑰色花瓣。尖尖的花瓣带有波浪边，散发出大马士革香气。开放后，外侧的花瓣颜色慢慢变淡，更加柔和。这种戏剧性的颜色变化，为它赢得了《天方夜谭》里女主角的名字。

◀ 它们在花坛中常常让人眼前一亮，在光照之下，颜色越发浓淡有致。

07.

系统名｜**S**
育种者｜**木村卓功**
国家｜**日本**
年份｜**2013年**
开花花型｜**波浪边**

Desdemona

08. 黛丝德蒙娜

花心可爱的清纯月季

粉嘟嘟的花蕾开放后，先是圆润的粉白色中型杯状花，后期颜色慢慢变为白色。它以莎士比亚戏剧《奥赛罗》里的女主人公黛丝德蒙娜的名字命名。每当我看到这种与身世悲惨的奥赛罗之妻同名的月季，都会觉得它那梦幻的花色恰与书中的人物相吻合，散发着不可思议的光辉。耐病性好，四季开花性强，而且花多。

◀ 初开时为圆杯状，完全开放后，花蕊显露，姿态娇美可爱，并且植株强健。

08.

系统名 | **S**
育种者 | **大卫·奥斯汀**
国家 | **英国**
年份 | **2015年**
开花花型 | **中型花，杯状**

Daphne

09. 达芙妮

渐变花色是观赏重点

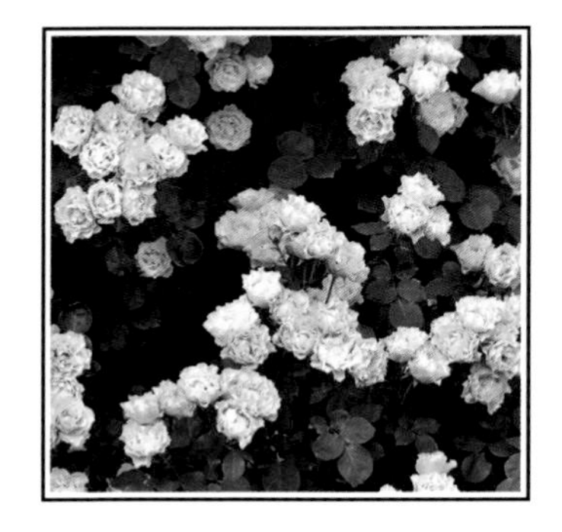

这种月季有着优雅的大波浪花边，花朵的持久性很好，鲑鱼粉色的花瓣会随着时间的变化逐渐变为淡绿色。耐热性佳，盛夏也能良好开花。株高约为 160 厘米，植株横向展开，适合较低的栅栏。名字来自古希腊神话里的仙女达芙妮，她为太阳神阿波罗所爱慕，但却因拒绝了他的爱意，变身为月桂树。

◀ 这种月季的了不起之处在于，在其他月季长势变差的盛夏，仍可以持续开花。

09.

系统名｜**S**
育种者｜**木村卓功**
国家｜**日本**
年份｜**2014年**
开花花型｜**中型花，波浪边**

10. 玛丽亚·特蕾西亚

Mariatheresia

名副其实的典雅高贵

德国月季以强健著称，这个品种也非常健壮，易栽培，四季开花性强，而且持久性好。它以著名的法国国王路易十六的王后玛丽·安托瓦内特的母亲玛丽亚·特蕾西亚的名字命名。“玛丽亚·特蕾西亚”为横向株型，柔和优雅的粉色花朵为莲座状的中型花，成簇开放。花期虽稍晚，但花朵持久性好，可长期欣赏。

◀ 会接二连三地发出笋芽，横向生长性佳，株型紧凑，形态美妙。高约 1 米，易打理。

10.

系统名｜**F**

育种者｜**汉斯·于尔根·埃弗斯**

国家｜**德国**

年份｜**2003年（1997年培育）**

开花花型｜**莲座状**

Shangri-La

11. 香格里拉

令人心生怜爱的单瓣花

“香格里拉”是具有极高观赏价值的品种。四季开花性好，清新温暖的粉色花瓣有着柔美的波浪卷边，翩翩起舞一般。它究竟是单瓣还是半重瓣，有时会让人怀疑自己的记忆，因为它的开花方式非常罕见，仔细观察，会发现花朵的中心有着装饰性的小花瓣。如果花开之后，对残花置之不理，那么到了秋天就会结出大量浑圆而坚硬的蔷薇果。

◀ 作为单瓣花却独具特色，是有着装饰小花瓣的别致花型。

11.

系统名｜S
育种者｜木村卓功
国家｜日本
年份｜2013年
开花花型｜波浪边，单瓣

Bow Bells

12. 博教堂之钟

姿态曼妙，花如其名

英国著名建筑师克里斯托弗·雷恩在伦敦市中心主持修建的圣玛丽·勒·博教堂，教堂的尖塔正面有一座钟，花名由此而来。它的花朵如铃铛一般，呈亮粉色，半重瓣，在长长的枝头成簇开放。四季开花，耐病性好，长势旺，适合种植在花坛的后方。

◀ 枝条越剪越发，长势惊人，铃铛一般的小花也很可爱。

12.

系统名｜S
育种者｜大卫·奥斯汀
国家｜英国
年份｜1991年
开花花型｜半重瓣，杯状

芽变

诞生自英国『玛丽玫瑰』的两个芽变品种

玛丽玫瑰 *Mary Rose*

系统名 S
育种者 大卫·奥斯汀
国家 英国
年份 1983年
开花花型 莲座状

温彻斯特大教堂 *Winchester Cathedral*

系统名 S **育种者** 大卫·奥斯汀 **国家** 英国
年份 1988年 **开花花型** 莲座状

雷杜德 *Redouté*

系统名 S
育种者 大卫·奥斯汀 **国家** 英国 **年份** 1992年
开花花型 莲座状

所谓芽变，是指在原有品种的枝条上，长出其他品种的枝条，并开出与原品种截然不同的花朵。以英国“玛丽玫瑰”（得名于沉没 400 年后被打捞出来的一艘亨利八世时期的战舰）为例，它玫瑰粉色的花朵，为舒展的大朵莲座花型。芽变之后形成两个新品种，其中“温彻斯特大教堂”（得名于公元 642 年建造的英国大教堂）的花蕾是红色中带有淡淡的粉色，开花后为纯洁的白色莲座花型；“雷杜德”（得名于以《玫瑰圣经》等植物画著称的法国宫廷画家约瑟夫 · 雷杜德）的花朵为淡淡的柔粉色，凋谢之时几乎变成白色。

凡尔赛玫瑰系列

安德烈·葛兰迪
André Grandier

系统名 HT **育种者** 法国玫昂月季公司 **国家** 法国 **年份** 2011年
开花花型 圆瓣平展开放

从花心到花瓣边缘，颜色逐渐变淡的优雅黄玫瑰。

凡尔赛玫瑰
The Rose of Versailles

系统名 HT **育种者** 法国玫昂月季公司 **国家** 法国 **年份** 2012年
开花花型 尖瓣高心状

鲜红的花朵，宛如天鹅绒一般柔滑，是凡尔赛玫瑰系列的代表。

奥斯卡·弗朗索瓦
Oscar François

系统名 HT **育种者** 法国玫昂月季公司
国家 法国 **年份** 2004年
开花花型 尖瓣高心状

纯白的尖瓣花朵凛然开在枝头，有着女主角奥斯卡般的高贵气质。

菲尔逊伯爵
Le Comte Fersen

系统名 F
育种者 法国玫昂月季公司
国家 法国 **年份** 2009年
开花花型 波浪边高心—平展开放

玛丽·安托瓦内特王后
La reine Marie-Antoinette

系统名 HT **育种者** 法国玫昂月季公司
国家 法国 **年份** 2011年
开花花型 波浪边，向内开

兼具高贵与优雅、柔美与可爱，从中可以一窥玛丽·安托瓦内特王后的气质。

罗莎莉·拉·蒙丽
Rosalie Lamorlière

系统名 F **育种者** 法国玫昂月季公司
国家 法国
年份 2014年 **开花花型** 莲座状

淡粉色的花朵如同外表柔美可爱但内心坚强的罗莎莉。

凡尔赛玫瑰系列由日本京成玫瑰园与法国玫昂月季公司合作培育，培育灵感来自1972年开始在日本周刊《玛格丽特》（*Margaret*）连载的漫画《凡尔赛玫瑰》。作者池田理代子基于历史，以英国国王路易十六的王后玛丽·安托瓦内特从公主到囚徒，最后命丧断头台的宛若朝露般凄美的悲剧人生为线索，讲述了女主人公奥斯卡的精彩故事。奥斯卡身为安托瓦内特的侍卫队的队长，女扮男装，个性鲜明，命运跌宕。漫画获得了巨大成功，之后由日本宝冢歌剧团搬上舞台，成为宝冢的经典剧目。

二

富有香气的玫瑰品种

13 ~ 27

13.

系统名 | **D**
育种者 | **不明**
国家 | **不明**
年份 | **1768年**
开花花型 | **莲座状**

13. 大马士革玫瑰

Rosa × damascena

玫瑰史上赫赫有名的芳香品种

大马士革香

约公元前 484 年，古希腊作家希罗多德在历史书中描写的“有着其他玫瑰无法企及之香”的玫瑰，可能就是本品。因从叙利亚首都大马士革传到欧洲，所以被命名为大马士革玫瑰。它有着浓郁的大马士革香气，是制作精油和玫瑰花水等香氛的原料，在保加利亚、土耳其、法国、摩洛哥等国广泛栽培。别名为“夏花大马士革玫瑰”，另有秋季反复开花的品种——“秋花大马士革玫瑰”。

◀ 我每次都是闻到随风而来的香气，才知花已经静悄悄地开放了。

14.

系统名｜**F**

育种者｜**法国玫昂月季公司**

国家｜**法国**

年份｜**2011年**

开花花型｜**中型花，杯状—莲座状**

Orchid Romance

14. 兰花韵事

有着兰花一般的秀美姿态

大马士革香

这是一种格外美丽的玫瑰，有着大马士革香混杂柑橘和香料的气味，香味浓烈。具有抵抗近年来气候变暖趋势的耐热性，且抗病性佳，是非常容易栽培的四季开花玫瑰。它株高 1 米左右，株型小而紧凑，易于管理，也适合盆栽。中型花，花型端正，呈杯状 - 莲座状开放，多花，像兰花一样并排开放。

◀ 易栽培，却有着馥郁的香气和美妙的花朵，令人不禁对近年来的玫瑰育种技术心生感谢。

15.

系统名｜S
育种者｜**大卫·奥斯汀**
国家｜**英国**
年份｜**2000年**
开花花型｜**大型花，莲座状**

William Shakespeare 2000

15. 威廉·莎士比亚 2000

冠以著名诗人之名的玫瑰

大马士革香

英国著名玫瑰大师大卫·奥斯汀培育的玫瑰。很多玫瑰是以英国著名剧作家威廉·莎士比亚笔下人物的名字命名的，而这种玫瑰则直接以莎士比亚本人的名字命名。它具有浓郁的大马士革香气，四季开花，大朵的深红色花非常独特。1987 年，奥斯汀曾培育出同名玫瑰，叶子为暗绿色，抗病性佳，已重新上市销售。

◀ 沉甸甸的花朵下垂，姿态宛如古老玫瑰，秋季也会开花，非常招人喜爱。

16.

系统名｜S
育种者｜**木村卓功**
国家｜**日本**
年份｜**2016年**
开花花型｜**大型花，莲座状**

Helen

16. 海伦

优雅而又惹人怜爱的莲座状玫瑰

大马士革香

这个品种有着大马士革香与水果香、茶香的混合气味，闻起来令人身心舒畅。它是以古希腊神话中斯巴达王后、绝世美女海伦的名字命名的。海伦因被特洛伊王子夺走而引发了特洛伊战争。虽然粉色玫瑰的品种非常多，但是当我看见这种姿态优美且易栽培的玫瑰时，依然惊喜不已。它有着纯粹的淡粉色，规整的中型莲座花成簇开放。颜色由内向外渐渐变白，显得美丽又温柔。耐病性佳，枝条柔软，易于打理。

◀ 粉色的玫瑰品种很多，但是这个品种优雅美丽且易栽培，与它的邂逅仍令人感到惊喜。

具有大马士革香气的玫瑰

弗朗西斯·杜布雷
Francis Dubreuil

系统名 T **育种者** 弗朗西斯·杜布雷
国家 法国 **年份** 1894年
开花花型 中型花，松散的莲座状

它具有强烈的大马士革香气，四季开花性强，秋季花色会变得更深，为它的美丽加分。

百叶蔷薇
Rosa × centifolia

系统名 C **育种者** 不明 **国家** 不明
年份 1753年发布 **开花花型** 大型花，莲座状

它的名字意为有一百枚花瓣的玫瑰，别名“包菜玫瑰”。

芳纯
Hoh-Jun

系统名 HT **育种者** 铃木省三 **国家** 日本
年份 1981年 **开花花型** 大型花，半尖瓣高心状

1986年，日本资生堂发售的香水“芳纯”，就是以这种玫瑰为原料制成的。

香堡伯爵
Comte de Chambord

系统名 P **育种者** 莫罗·罗伯特 **国家** 法国
年份 1858年 **开花花型** 四分莲座状

它是有着浓烈香气的玫瑰，“格特鲁德·杰基尔”的亲本，反复开花，人气很高。

雅克·卡地亚
Jacques Cartier

系统名 P **育种者** 莫罗·罗伯特 **国家** 法国
年份 1868年 **开花花型** 中型花，杯状—四分莲座状

花梗短，株高约1米，株型紧凑好打理，为反复开放的古老玫瑰，名字来自法国探险家雅克·卡地亚。

哈迪夫人
Madame Hardy

系统名 D **育种者** 尤金、哈迪 **国家** 法国
年份 1832年 **开花花型** 四分莲座状

这种玫瑰具有浓郁的大马士革香气，仅在春季开花。花心有绿眼，花瓣纯白，富有装饰性的花萼充满魅力。

17.

系统名｜**S**
育种者｜**大卫·奥斯汀**
国家｜**英国**
年份｜**1984年**
开花花型｜**中型花，杯状**

English Heritage

17. 英国遗产

开放时清纯，
散落时飘逸

果香

花朵为富有透明感的杏粉色，花色柔美，散发出柑橘的清爽香气。伫立在这种玫瑰前，甜美的水果香会让人忘掉时光流逝。散落的时候，花瓣从规整的花朵上一片片飘零，但始终保持着高贵的气度，成为这种玫瑰的独特魅力。从“遗产”这个命名上，也可以看出育种者对它的深切爱意。

◀ 花茎长，像藤本月季一样高大，有时需根据空间大小修剪和整枝。

18.

系统名｜**S**
育种者｜**大卫·奥斯汀**
国家｜**英国**
年份｜**1995年**
开花花型｜**大型花，深杯状**

Jude the Obscure

18. 无名的裘德

从盛开到凋零，整个过程都美不胜收

果香

这种玫瑰拥有枇杷一样嫩黄色的硕大花蕾，花瓣从花心开始内卷开放，外侧的颜色渐渐变淡，无论哪个阶段都风姿美妙，令人难忘。柑橘味的香气中混合了番石榴与白葡萄酒的甘甜香气，这种复杂的香气令人愉悦，闻起来仿佛新鲜美味的水果。它是以英国维多利亚时代的作家托马斯·哈代的小说，《无名的裘德》主人公的名字命名的。

◀ 我的“无名的裘德”是棒棒糖造型，喜欢阳光，一片欣欣向荣。

具有果香的玫瑰

蓬巴杜玫瑰
Rose Pompadour

系统名 S **育种者** 阿诺德·戴尔巴德
国家 法国 **年份** 2009年
开花花型 大型花，杯状—四分莲座状

这种玫瑰的颜色是法国国王路易十五的情人蓬巴杜夫人喜爱的粉红色，也被称作“玫瑰粉色”。

红双喜
Double Delight

系统名 HT **育种者** A. E. 埃利斯、A. W. 埃利斯、赫伯特·C. 斯维姆 **国家** 美国 **年份** 1977年
开花花型 半尖瓣高心状

花朵中心是带有黄色的乳白色，外侧有鲜红色的花边，它的名字的意思是双重惊喜。

波莱罗舞曲
Bolero

系统名 F **育种者** 法国玫昂月季公司 **国家** 法国
年份 2004年 **开花花型** 杯状—四分莲座状

优雅的乳白色花朵中混有黄色、杏色、粉色，色彩柔美。随着花朵开放整体颜色会慢慢变白。

银禧庆典
Jubilee Celebration

系统名 S **育种者** 大卫·奥斯汀 **国家** 英国
年份 2002年 **开花花型** 莲座状

花瓣中混有黄色和粉色，非常有魅力。它是纪念英国伊丽莎白女王在位50周年的玫瑰。

夏莉法阿斯马
Sharifa Asma

系统名 S **育种者** 大卫·奥斯汀 **国家** 英国
年份 1989年 **开花花型** 莲座状

香气馥郁，花瓣中心是优雅的粉红色，从中心到边缘颜色慢慢变白。它是以阿曼苏丹国公主的名字命名的。

真宙
Masora

系统名 S **育种者** 吉池贞藏 **国家** 日本
年份 2008年 **开花花型** 深杯状—四分莲座状

四季开花的深杯状花，杏粉色的花朵柔美可人，外侧花瓣颜色较淡。

19.

系统名｜**Sp**
育种者｜**无**
国家｜**无**
年份｜**无**
开花花型｜**大型花，单瓣**

19. 大花香水月季

Rosa odorata var. gigantea

大朵白花，是茶香月季的祖先

茶香

硕大的花瓣翻卷成尖尖的突起。春季一季开花，株型为横向伸展。大朵白花，尖瓣向后翻卷的特征被现代月季继承。现代月季中红茶般清爽的香气也是来自这种野生品种。

它原产于印度东北部、缅甸北部及中国西南部云南省的喜马拉雅山山麓，生长在海拔 1000~1500 米的地区，是茶香月季的祖先。

◀ 大花瓣的尖角部分会向后翻卷，这种特性被现代月季继承。

20.

系统名｜**T**

育种者｜**罗、肖雅**

国家｜**英国**

年份｜**1910年**

开花花型｜**中型花，尖瓣**

Lady Hillingdon

20. 希灵顿夫人

在日本还有一个有趣的别名『金华山』

茶香

它的纤细枝条横向伸展，枝头的黄色花朵犹如枇杷果实般垂下，婀娜多姿，颇有内敛的女性之美。花朵的香气如同加了很多糖的红茶，上午香气更为浓郁。我犹记得初次闻到这种香气时的感动。“希灵顿夫人”四季开花性强，秋季开放的花，因昼夜温差较大而显得更加深沉优美。

◀ 它属于茶香月季系统。纤细的枝条横向伸展，中等大小的花朵低垂开放。更适合盆栽。

21.

系统名｜**S**
育种者｜**大卫·奥斯汀**
国家｜**英国**
年份｜**1995年**
开花花型｜**大型花，杯状**

Pat Austin

21. 帕特·奥斯汀

美得令人窒息的橘黄色花朵

茶香

这个品种为大朵杯状花，花瓣正面是橘黄色，背面是黄色，随着时间增长会变成古铜色，颜色变深后光彩倍增。最初见到这种玫瑰的介绍时，我就被它那带有深沉古铜色的橘黄色深深打动。它是育种者奥斯汀献给自己妻子的品种，非常强健，即使种植在有些荫蔽的地方，也可以生长良好。香味是略带香料气息的茶香。

◀ 这种玫瑰经常从植株基部发出新笋芽，是非常好培育的品种。充满活力的橘黄色明丽亮眼，动人心魄。

22.

系统名｜S
育种者｜**大卫·奥斯汀**
国家｜**英国**
年份｜**2007年**
开花花型｜**大型花，杯状—莲座状**

Princess Alexandra of Kent

22. 肯特公主

柔软的枝条优雅，
且独具魅力

茶香

粉红色的花蕾带有丝丝橘色，花朵完全绽放后是规整的大朵杯状。外侧的花瓣颜色渐渐变淡，却更显雅致。即使从远处看，它也足够引人注目，是一个非常美丽的品种。因为花朵较大，沉甸甸的花朵会将枝条压弯成弓形，愈发楚楚动人。植株强健，适合盆栽。它是献给现任英国女王堂妹奥吉尔维夫人的女儿亚历山德拉公主的品种，又名“亚历山德拉公主”。

◀ 我的“肯特公主”现在是盆栽，如果有机会地栽的话，想必花朵数量还会增加，更显魅力。

23.

系统名｜**Sp**
育种者｜**无**
国家｜**无**
年份｜**无**
开花花型｜**中型花，成簇开放，单瓣**

Rosa rugosa

23. 皱叶玫瑰

在日本以『滨梨子』和『滨茄子』之名广为人知

辛香

皱叶玫瑰分布在东亚的温带—寒带地区，日本则主要在北海道的海岸，南边可到鸟取县的沙地。沁人心脾的浓郁香气特征鲜明，还有白花和重瓣的品种，秋季可以重复开花。由皱叶玫瑰改良而来的玫瑰系统耐寒性佳，在世界各地的寒冷地区都广受欢迎。硕大的蔷薇果富含维生素 C，果肉丰厚，可作食用和药用。

◀ 大大小小的刺密密麻麻地长满枝条，一不小心就会刺痛手指，打理时需要戴皮手套。

24.

系统名 | **HT**
育种者 | **Wm. E.B. 阿奇尔和女儿**
国家 | **英国**
年份 | **1925年**
开花花型 | **中型—大型花，单瓣**

Dainty Bess

24. 单提贝斯

带来幸运的浪漫玫瑰

辛香

它是尖瓣高心开放的名品“奥菲利亚”的后代，继承了亲本优雅的气质，花型高雅别致，以红色的雄蕊为显著特征。据说育种者以此花向自己的未婚妻伊丽莎白求婚，大获成功，婚后也非常幸福。这种浪漫十足的花朵可以给人营造一种梦想成真的美好氛围。

◀ 它属于茶香月季系统，枝条纤细且不会凌乱，容易打理。花瓣和雄蕊的颜色对比绝妙至极。

25.

系统名｜**G**
育种者｜**帕门提埃**
国家｜**比利时**
年份｜**1845年前后**
开花花型｜**中型花，四分莲座状**

Belle Isis

25. 美女伊西斯

花姿犹如神话中的女神

没药香

这个品种的名字来自古埃及女神伊西斯，意思是美丽的伊西斯女神。它有着几近透明的粉色花瓣，会开出可爱的纽扣眼四分形花朵。作为英国玫瑰第一号品种“康斯坦斯精神”的亲本，它独特的没药香气（类似伞形科甜芹菜的茴香香气）也被传承给许多英国玫瑰品种。

◀ 它花色淡雅，花朵也不大，但在庭院里却非常显眼。株型紧凑，枝条纤细，花朵柔美动人。

具有没药香的玫瑰

安布里奇
Ambridge Rose

系统名 S **育种者** 大卫·奥斯汀 **国家** 英国
年份 1990年 **开花花型** 杯状—莲座状

它是以英国BBC广播电台中一档有关长寿的节目里出现的虚构城市安布里奇命名的。

圣塞西莉亚
St. Cecilia

系统名 S **育种者** 大卫·奥斯汀 **国家** 英国
年份 1987年 **开花花型** 大型花，杯状

这种玫瑰具有强烈的没药香，四季开花，浑圆的花朵向上开放，株型规整紧凑，易于打理。

塔莫拉
Tamora

系统名 S **育种者** 大卫·奥斯汀 **国家** 英国
年份 1983年 **开花花型** 大型花，杯状

具有奶油光泽的杏色花，四季开放。直立性强，株型紧凑。

阿尔文光辉
Splendens

系统名 Harv **育种者** 自然杂交种 **国家** 英国
年份 1837年以前 **开花花型** 中型花，杯状

它是野生种阿尔文蔷薇的杂交种，也是没药香的起源。

权杖之岛
Scepter'd Isle

系统名 S **育种者** 大卫·奥斯汀 **国家** 英国
年份 1996年 **开花花型** 杯状

中型花，粉色，多头成簇开放，花蕊露出。四季开花性强，且植株强健。

芭思希芭
Bathsheba

系统名 S **育种者** 大卫·奥斯汀 **国家** 英国
年份 2016年 **开花花型** 莲座状
藤本，植株强健。花朵为杏黄色，外侧逐渐变为白色，四季开花。

Blue Moon

26. 蓝月亮

最受人喜爱的蓝香玫瑰

蓝香

所谓玫瑰的蓝香，是大马士革香混合茶香所产生的一种甘甜且清爽的香气，本品可以说是蓝香型玫瑰的代表。美丽的花型，浓郁的蓝香，植株长势旺盛。虽然今日已有多种蓝香玫瑰，但它仍是迄今最受人们喜爱的那种，人气经久不衰。虽然它的名字中带有“蓝”字，但花朵其实是优雅的淡薰衣草紫色。

◀ 冬季和夏季的修剪工作相当重要，要考虑株高后再开始修剪。

26.

系统名 | **HT**

育种者 | **小马西亚斯·坦陶**

国家 | **德国**

年份 | **1964年**

开花花型 | **半尖瓣高心状**

Blue River

27. 蓝河

散发着成熟优雅的气质

蓝香

“蓝月亮”是它的亲本之一。它继承了很好的蓝香，花色初始为薰衣草紫色，开放到后期，花瓣边缘会泛出红晕，最后整体发红成为艳丽的紫红花色。黄色的花蕊偶尔露出。暗绿色的叶子和花朵很相配。这个品种整体给人沉静的感觉，是蓝香玫瑰中比较强健的一种。

◀“蓝河”株高约 1.2 米，作为茶香月季恰好是非常容易打理的高度。

27.

系统名 | **HT**

育种者 | **雷尔默·科德斯**

国家 | **德国**

年份 | **1984年**

开花花型 | **半尖瓣高心状**

具有蓝香的玫瑰

贝拉唐娜
Bella Donna

系统名 S **育种者** 岩下笃也 **国家** 日本
年份 2010年 **开花花型** 尖瓣高心状

“贝拉唐娜”在意大利语中为美丽女郎的意思，是献给美国著名女演员梅丽尔·斯特里普的花，具有混合香料的香气。

蓝丝带
Blue Ribbon

系统名 HT **育种者** 克里斯滕森 **国家** 美国
年份 1984年 **开花花型** 半尖瓣高心状

这种玫瑰带有清爽的蓝香，花梗纤细优雅，耐病性佳，易于种植。

爽
Sou

系统名 HT **育种者** 河本纯子 **国家** 日本
年份 2017年 **开花花型** 波浪边

这个品种的花瓣有着波浪边，给人以清爽之感。“爽”的名字来源于日本知名演员三上真史留给人们的爽朗印象。

奥迪那
Ondina

系统名 F **育种者** 小林森治 **国家** 日本
年份 1986年 **开花花型** 半重瓣

花色是带有银色的淡紫色。这种玫瑰一经发布就备受瞩目，现在依然凭借美貌深受欢迎。中香，适合盆栽。

甜月亮
Sweet Moon

系统名 F **育种者** 寺西菊雄 **国家** 日本
年份 2001年 **开花花型** 尖瓣高心状

花色是优雅且清爽的淡薰衣草紫色，尖瓣高心，为多头花。

衣香
Kinuka

系统名 F **育种者** 安田佑司 **国家** 日本
年份 2015年 **开花花型** 松散的杯状

命名灵感来自日本著名的花艺设计师阿竹衣香。它的香味中混合着大马士革香，华丽又清爽。

专 题

1

玫 瑰 色 是 什 么 颜 色 ？

我向好几个人询问了这个问题后，有的人回答说，是淡而柔和的粉红色，再说到具体的玫瑰品种的话，则是像英国玫瑰的“雅子”一样的颜色。也有人说，浅水红色是玫瑰的颜色。还有人说，正红玫瑰的颜色是不可否认的玫瑰色。

大家所想象的玫瑰色各不相同，这恐怕是每个人内心深处对玫瑰的感受，不同人生阶段的各种独特经历，以及当下的心情等混合在一起的结果吧。

当我在脑海中描绘自己的玫瑰色时，不知为何“伊芙琳”这个品种总是会浮现出来。大朵的杯状花，初开时是四分的浅杯状，外侧花瓣颜色较淡，中间聚集着色泽丰富的花瓣——杏色、橙色、黄色、白色、粉红色层层叠加，但又不是无序的混合，而是和谐地统一在一个整体中，自然而然地呈现出不可思议的色彩。秋天温差越大，它的魅力也越大，让人忘我地沉浸在它美妙的香气里。

与这种玫瑰相见的每一个优美瞬间都令人难以忘怀。所以每当我要寻找这一瞬间的感受时，“伊芙琳”总会出现在我的脑海里，它带给我的那些美好瞬间，对我来说就是玫瑰色的。

伊芙琳 *Evelyn*

系统名 S **育种者** 大卫·奥斯汀 **国家** 英国

年份 1991年 **开花花型** 莲座状

“伊芙琳”为英国著名化妆品公司瑰珀翠的象征之一，是一种强香（果香）玫瑰。

28. 安东尼·玛丽夫人 *Mme.Antoine Mari*

29. 安娜·奥里弗 *Anna Olivier*

30. 布卢门·施密特 *Blumenschmidt*

32. 粉红致意亚琛 *Pink Gruss an Aachen*

33. 女仆马里昂 *Maid Marion*

36. 番红花玫瑰 *Crocus Rose*

37. 菲利斯 · 彼得 *Phyllis Bide*

38. 暮色 Crépuscule
40. 英式优雅 English Elegance
43. 保罗的喜马拉雅麝香 Paul's Himalayan Musk Rambler

44. 羽衣 *Hagoromo*
45. 平阴玫瑰 *Rosa maikwai H. Hara*
46. 丰华 *Hoka*

三

新手也易盆栽的品种

28 ~ 34

Mme.Antoine Mari

28. 安东尼·玛丽夫人

富有光泽，令人怜爱

柔软伸展的纤细枝条上，花朵低垂、优美地盛开，其谨慎谦虚的姿态如同一位高贵的女性。花朵外侧为深粉色，中心则为淡淡的渐变粉色，富有光泽的花色令人心生怜爱。秋季花朵的颜色深浅对比表现得更为明显，美不可言。横向伸长的株型，盆栽种植时管理起来也很容易。这是一种教会我感受茶香魅力的玫瑰。

◀ 整棵植株都会长出纤细的枝条，建议修剪的时候可以稍微保留一些枝条。

28.

系统名｜**T**

育种者｜**安东尼·玛丽**

国家｜**法国**

年份｜**1901年**

开花花型｜**中型花，半尖瓣高心状**

Anna Olivier

29. 安娜·奥里弗

在日本别称『采女』，有着古典风情的花姿

富有光泽的杏橙色花蕾非常漂亮，与淡杏色的花朵形成绝妙搭配。它在明治时代引入日本的时候，被称为“采女”，即在皇宫内伺候天皇和皇后起居饮食、面容姿态端正的官家子女。这个品种是名副其实的茶香玫瑰。秋季花朵颜色会变得更深，更加艳丽、有光泽。

◀ 这个品种不要过度修剪，平时也不需要精心照顾，只需修剪掉长势较弱的细小枝条即可。

29.

系统名｜**T**
育种者｜**让·克洛德·杜彻**
国家｜**法国**
年份｜**1872年**
开花花型｜**中型花，半尖瓣高心状**

Blumenschmidt 30. 布卢门·施密特

花色从粉色变为柠檬黄

粉色的花蕾绽放时，外侧的花瓣会保留原有的粉色，而中间则渐变为柠檬黄色。美丽的卷边花瓣，呈莲座状盛开，保持着钻石般的花型。它是有着美丽淡雅杏色花朵的“弗朗兹卡·克鲁格女士”（Mademoiselle Franziska Kruger）的芽变品种，同样有着在柔软的细枝条顶端开花的特性。

◀ 由于花朵无法向上绽放，盆栽种植时，需要将花盆移到便于观赏的位置。

30.

系统名｜**T**
育种者｜**赫尔曼·基斯**
国家｜**德国**
年份｜**1906年**
开花花型｜**波浪边，莲座状**

Gabriel

31. 加百列 大天使

花瓣层次分明，有着甜美清爽的香气

白色花瓣透着淡淡的紫色，花瓣的外侧有时能够看到青色的纹路，给人一种纯洁高尚的感觉。在众多玫瑰中，其甘甜沁人心田的香味让人一闻倾心，是极具魅力的玫瑰品种。为了保持株型，需要经常在根部浇水施肥，轻度的修剪非常重要。适合盆栽种植维护。

◀ 作为丰花月季，过分修剪的话，会对植株产生不良影响。保持轻度修剪非常重要。

31.

系统名｜**F**
育种者｜**河本纯子**
国家｜**日本**
年份｜**2008年**
开花花型｜**波浪边，平开**

32. 粉红致意亚琛

Pink Gruss an Aachen

春秋两季表现不同，也是一个加分项

它以前被认为是中国玫瑰“艾琳·瓦兹”（Irene Watts），后来经英国皇家玫瑰协会判定是淡黄色玫瑰“致意亚琛”（Gruss an Aachen）的芽变品种——“粉红亚琛”（Pink Gruss an Aachen）的同种。柔软的杏粉色花朵散发着优雅的气息，株型紧凑，易于种植管理。可以欣赏春花和秋花两种不同的姿态。

◀ 1 米左右的株高是很容易管理的高度，这个品种能开出大量蓬松优美的花朵。开花期需要充分浇水。

32.

系统名｜**F**
育种者｜**R. 克劳斯**
国家｜**荷兰**
年份｜**1929年**
开花花型｜**莲座状**

Maid Marion

33. 女仆马里昂

尽显凋零之美

干净的粉色花瓣，开花后边缘会变白，展现出优雅的美丽花色。最初开花时，是花瓣向内弯的浅杯状，可以直接看到纽扣形的花心；慢慢打开后成为莲座状，直到凋谢时仍旧保持着美丽的姿态。它以住在舍伍德森林的英国著名传奇人物罗宾汉的恋人的名字命名。大马士革香气中混杂着茶香和没药香，香气十分迷人。

◀ 株型紧凑，一整年都能开出香气怡人的大花朵。适合盆栽或种植在花坛前方（前景位置）。

33.

系统名｜**S**
育种者｜**大卫·奥斯汀**
国家｜**英国**
年份｜**2010年**
开花花型｜**浅杯状—莲座状**

The Faun

牧神

微微低垂盛开，深受女性欢迎

34.

它继承了亲本玫瑰“仙女”(The Fairy)的特征，分枝性强，株型呈扇形横向生长。中型花朵呈温柔的淡粉色，低垂盛开在枝头的样子让整棵植株都散发着优雅气息，深受女性花友们的喜爱。这种玫瑰很适合修剪成棒棒糖造型。别名“祖母”。

◀ 整理和修剪的时候需要保留纤细的枝条，因为这种玫瑰易在细枝条上开花。枝条会弯曲垂下来，非常适合盆栽种植。

34.

系统名 | **S**

育种者 | **L.佩妮尔·奥莱森和摩根·N.奥莱森**

国家 | **丹麦**

年份 | **1991年**

开花花型 | **中型花，莲座状**

四

适合造型的藤本月季

35 ~ 44

35.

系统名｜**CI**
育种者｜**蒂姆·赫尔曼·科德**
国家｜**德国**
年份｜**2013年**
开花花型｜**深杯状**

Christiana

35. 克里斯蒂娜

秋季反复开花，惹人注目

这种月季魅力非凡。饱满的深杯状花朵，中心为浅粉紫色，周围为纯白色，水果般的香气令人心旷神怡。可以通过较强的修剪来保持紧凑的株型，也可利用其攀爬的特性，将其种植在栅栏边上再修剪成球形。秋季会重复开花，是藤本月季中非常重要的一种。

◀ 种植的第一年株型很稳定，过了两三年后则会长出粗壮的笋枝，表现出藤本月季原本的样子。

36.

系统名 | **S**
育种者 | **大卫·奥斯汀**
国家 | **英国**
年份 | **2000年**
开花花型 | **大型花，莲座状**

Crocus Rose

36. 番红花玫瑰

清新的气质，让人不觉被其独特魅力所俘获

这种玫瑰有着优雅的杏色花色。刚开花时花朵为杯状，随后渐渐开成莲座状，外侧的花色会变白，而中间则仍会残留一点原来的花色。它虽然给人拘谨的印象，但仍受大众喜爱。它具有重复开花的特性，在柔软的枝条上开花，植株强健且容易种植。我们可以看到花朵中心小巧的绿色纽扣眼，并能闻到淡淡的清香。

◀ 灌木型的弓形枝条上盛开着花朵。我在花坛后方种植了特别大的一株。

37.

系统名｜**CIPol**
育种者｜**S.彼得父子的公司**
国家｜**英国**
年份｜**1923年**
开花花型｜**中型花，半重瓣—平开， 成簇开放**

Phyllis Bide

37. 菲利斯·彼得

最后花朵会如菊花般平展

小巧的橙色花蕾盛开后，中型大小的花朵会随风飘摇。经过一段时间后，花瓣会向后翻卷，如同菊花般平展开来。它的花色为奶油色中带着些许粉色、鲑鱼粉，这种复色的黄色组合会慢慢变淡。整体给人以纤细柔和的感觉，植株强健且容易开花，花期长，有着优异的四季开花特性。花朵中间为黄色中略带一些红色，是藤本月季“鸡尾酒”（Cocktail）的亲本。

◀ 大量的小枝条容易显得凌乱。整理时只需保留必要的枝条，这样花朵就能把枝条覆盖住。

38.

系统名｜**N**

育种者｜**弗朗西斯·杜布**

国家｜**法国**

年份｜**1904年**

开花花型｜**中型花，半重瓣，成簇开放**

Crépuscule

38. 暮色

花如其名，美若黄昏

它具有诺伊赛特玫瑰系统特有的光泽，浓淡相宜的橙色花朵搭配深绿色的叶子，非常符合其“暮色”的名字。枝条横向生长，适合依附低矮的篱笆种植，或牵引种植到花坛上。抗病性佳，皮实易种植。开花性好，耐热性强，在盛夏也能开出和春季一样的饱满小花。春天时叶子为红褐色，新芽也特别美丽。

◀ 适合横向生长的玫瑰品种。它有着优秀的连续开花性、耐热性和耐寒性。

39.

系统名｜**HMult**
育种者｜**让·拉斐**
国家｜**法国**
年份｜**1834年**
开花花型｜**小型花，莲座状，成簇开放**

Laure Davoust

39. 洛尔·达乌

能在一簇花上观赏到各种各样的姿态

这种玫瑰继承了日本野蔷薇的基因，适合用于凉棚架和拱门造型，纤细的枝头会开出许多花朵。淡粉色的小型花朵带有淡薰衣草紫色。花虽小，但能看到黄绿色的纽扣眼花蕊。花型为莲座状。开花有先后，一个枝头会同时存在变白的花朵、还未开放的粉色花朵和花蕾等，各具风姿。

◀ 成簇开放的可爱花朵向下绽放，爬满了我家的凉棚架。

40.

系统名｜**S**
育种者｜**大卫·奥斯汀**
国家｜**英国**
年份｜**1986年**
开花花型｜**缓开的大型花，莲座状**

English Elegance

40. 英式优雅

名副其实，给人优雅的印象

它是英国玫瑰中株高较高的品种，适合种植在花坛的后方或牵引到栅栏上，也可以修剪成球形。开花性一般，杏色和粉色混合的花瓣在阳光下闪耀夺目，令人怦然心动。在柔软纤细的玫瑰世界中，它是名副其实的优雅品种。

◀ 从下往上抬头看时，花朵刚好开在视线的高度，我一般会将植株牵引种植。

41.

系统名｜**HWich**
育种者｜**沃尔特·范·弗利特博士**
国家｜**美国**
年份｜**1898年**
开花花型｜**中型花，莲座状，成簇开放**

May Queen

41. 五月女王

可以媲美『五月女王』的玫瑰

这种玫瑰继承了野生光叶蔷薇（Rosa luciae）的基因，叶子在阳光照射下闪闪发亮。柔软的枝头会成簇开出许多粉色的中型花朵，花型为莲座状。它仅在春季开花，仿佛把一年中的思念都寄托在了5月盛开的时候，美丽的样子媲美“五月女王”。为了避免在花期出现落蕾的现象，充分给水非常重要。

◀ 枝条从上往下呈弓形弯曲着，适合修剪成棒棒糖造型。修剪时可以保留小枝条。

42.

系统名｜**HMsk**
育种者｜**J. 彭伯顿**
国家｜**英国**
年份｜**1915年**
开花花型｜**小型花，半重瓣**

Cornelia

42. 科尼莉亚

有着大马士革香气，深色的叶脉也十分漂亮

深杏粉色的小花盛开时，可以看到中间黄色中带有优雅杏粉色的花蕊。它因含有野生“麝香蔷薇”（Rosa moschata）的基因，所以会带有刺鼻的麝香味。它反复开花的特性，适合种植于低矮的栅栏处。植株会渐渐长大变壮。深绿色的叶子，更能衬托出花色的美丽。

◀ 春季的花朵会结出蔷薇果，如果想要在秋季看到大量的花朵，应在春季及时摘除残花，防止其结果。

43.

系统名｜**HBrun**
育种者｜**乔治·保罗**
国家｜**英国**
年份｜**1916年**
开花花型｜ **小型花，莲座状**

Paul's Himalayan Musk Rambler

43. 保罗的喜马拉雅麝香

不断延伸，成为一道美丽的风景

这种玫瑰据说是野生蔷薇“复伞房蔷薇”（Rosa brunonii）的实生品种，原产于喜马拉雅山脉，花名的前面冠上了育种者的名字，因此通常被称为“保罗的喜马拉雅麝香”。它优秀的伸展力可以让枝条生长到10米以上，枝条纤细且多刺，种植管理会比较辛苦。但开花时大量淡粉色的花朵会覆盖枝条，成为一道美丽的风景。

◀ 具有极强伸展力的小枝条分枝性强，需要在整理和修剪枝条上下功夫，但所有的辛苦在开花的那一刻都会让你感到非常值得。

44.

系统名｜**CL**
育种者｜**铃木省三**
国家｜**日本**
年份｜**1970年**
开花花型｜**尖瓣高心状**

Hagoromo

44. 羽衣

广泛运用于栅栏和墙面造型

强壮的枝条延伸生长，会开出大朵尖瓣高心状的花朵，非常皮实，在半阴的环境中也能健康生长。枝条向上伸展开花，比起拱门和凉棚架，更适合用于栅栏和墙面造型。它具有四季开花的特性，秋季也能开出美丽的花朵。赏花期一般，可以在开花期将花朵连带长枝条剪切下来插入花瓶中观赏，是非常重要的蔷薇品种。

◀ 作为四季开花的藤本月季，它的花型标准且美丽，适合用于花艺设计，是非常重要的花材。

五

美味的玫瑰

45 ~ 46

Rosa maikwai H. Hara

45. 平阴玫瑰

重要的花茶，原产于中国

美丽的紫红色花朵，散发出带有轻微辛辣气味的大马士革香。这种玫瑰一季开花，具有多花的特性，轻柔的花瓣便于干燥保存，是制作点心和花茶的重要花材。中国自古以来就将用于中药或饮食的玫瑰、月季，统称为“玫瑰”。所谓的玫瑰色，在中国指的就是像照片中的玫瑰一样的紫红色。

◀ 一季开花指的是只在 5 月上旬至 6 月期间开花。在中国，人们还会将美丽的女性比喻为玫瑰。

45.

系统名｜**Ch**
育种者｜**不明**
国家｜**中国**
年份｜**1957年发布**
开花花型｜**平展开来的莲座状**

Hoka

极具人气的可食用玫瑰

46. 丰华

2017年，日本初次介绍了“可食用玫瑰”之后，这种玫瑰就变得非常受欢迎。1000年前，在中国山东省的平阴县，当地人就致力于种植可食用玫瑰。大马士革香中混杂着强烈的香辛料香味，花瓣柔软且含蜡质少，这样人们品尝时就不会觉得苦涩，直接食用也很美味。“丰华”一季开花，别名为“平阴重瓣红玫瑰”。

◀ 照片中和“丰华”一起被介绍的是“紫枝”，它也是具有四季开花特性和重瓣大花的可食用玫瑰。

46.

系统名｜**Ch**
育种者｜**不明**
国家｜**中国**
年份｜**不明**
开花花型｜**中型花，莲座状**

以甜品命名的玫瑰

圣奥诺雷
Saint Honore

系统名 S **育种者** 戴尔巴德 **国家** 法国
年份 2016年 **开放花型** 中型花，波浪边，杯状
偏粉紫色的波浪形花瓣聚拢在一起，
能够一直精神饱满地开到秋天。

法式千层酥（千层饼）
Mille-feuille

系统名 F **育种者** 河本纯子 **国家** 日本
年份 2013年 **开放花型** 莲座状
这是一种白底带有粉色条纹的优雅玫瑰，
层层叠叠的花瓣看起来仿佛是千层酥一样。
具有四季开花的特性，适合盆栽种植。

水果奶油蛋糕
Shortcake

系统名Min **育种者** 铃木省三
国家 日本 **年份** 1981年 **开放花型** 中型花，圆瓣平开
花瓣表面是草莓般的鲜红色，
背面则是奶油般的白色。
如此可爱的花朵一年四季都会开满枝头。

草莓冰
Strawberry Ice

系统名 F **育种者** 戴尔巴德 **国家** 法国
年份 1971年 **开放花型** 波浪边，平开
白色波浪形花瓣的边缘晕染了明亮的粉色。
偶尔长出的较长枝条，令其看起来更像是藤本月季。
别名为“边界玫瑰”。

伊斯法罕
Ispahan

系统名 D **育种者** 不明 **国家** 不明
年份 1832年以前 **开放花型** 四分莲座状
有着优美的粉色花瓣，看起来像是在春季开花的牡丹。
有一款马卡龙的名字与这种玫瑰一样，都是以伊朗著名观光城市伊斯法罕来命名。

草莓马卡龙
Strawberry Macaroon

系统名 Patio **育种者** 小川宏
国家 日本 **年份** 2011年 **开放花型** 中型花，深杯状
珍珠白的底色上晕染着美丽的渐变粉色，聚拢的花型非常可爱。四季开花，株型紧凑，适合盆栽种植。

玫瑰小知识

条纹复色玫瑰

近年来，浅色花瓣上带有深粉色或红色线条，或是复色的玫瑰，非常受欢迎。我从古老的品种到新培育的品种里，挑选了一些比较容易种植、热门的复色玫瑰。

勒达
Leda

系统名 D
育种者 不明 **国家** 英国
年份 1827年以前 **开放花型** 莲座状

奥诺琳布拉邦
Honorine de Brabant

系统名 B
育种者 不明 **国家** 不明
年份 不明 **开放花型** 杯状

黄昏
Camaïeux

系统名 G
育种者 杰德罗 **国家** 法国
年份 1826年 **开放花型** 杯状

抓破美人脸
Variegata di Bologna

系统名 B
育种者 马克西米利安·洛迪
国家 意大利 **年份** 1909年
开放花型 杯状

马克·夏加尔
Marc Chagall

系统名 F
育种者 戴尔巴德 **国家** 法国
年份 2013年
开放花型 莲座状

法国多色蔷薇
Rosa Gallica Versicolor

系统名 G
育种者 不明 **国家** 不明
年份 1581年以前
开放花型 半重瓣

称赞
Thumbs Up

系统名 S
育种者 科林·P.H
国家 英国 **年份** 2006年
开放花型 杯状—莲座状

克劳德莫奈
Claude Monet

系统名 S
育种者 戴尔巴德
国家 法国 **年份** 2012年
开放花型 杯状—莲座状

桃子糖果
Peche Bonbons

系统名 S
育种者 戴尔巴德
国家 法国 **年份** 2009年
开放花型 大型花，波浪边，杯状

埃德加·德加
Edgar Degas

系统名 F
育种者 戴尔巴德
国家 法国 **年份** 2003年
开放花型 半重瓣

收音机
Ràdio

系统名 S
育种者 佩德罗·杜
国家 西班牙 **年份** 1937年
开放花型 杯状

水果糖
Berlingot

系统名 S
育种者 弗朗索瓦多里埃二世
国家 法国 **年份** 2016年
开放花型 莲座状

玫瑰小知识

有着美丽花萼的玫瑰

花萼上覆盖着松脂般的苔状腺毛。有些花萼因形似拿破仑的帽子而得名，有些则看上去像是美丽的蕾丝。花萼本身就是一件艺术品。

布鲁塞尔市
La Ville de Bruxelles

系统名 D
育种者 让·皮埃尔·维伯特
国家 法国 **年份** 1837年以前
开放花型 四分莲座状

有着蕾丝般的美丽花萼，与鲜艳的玫瑰花朵完美搭配。

拿破仑的帽子
（别名：苔毛玫瑰）
Chapeau de Napoleon

系统名 C
发现者 教会 **国家** 瑞士
年份 1826年
开放花型 杯状—四分莲座状

三角形的花萼因形似拿破仑的帽子而得名。

苔藓月季
（别名：苔蔷薇、百叶蔷薇）
Common Moss

系统名 M
育种者 不明 **国家** 不明
年份 1696年以前
开放花型 杯状—四分莲座状

萼片、萼管、枝条、花柄上覆盖有苔藓般的柔软腺毛。

金樱子
Rosa laevigata

系统名 Sp **育种者** 无
国家 中国（发现） **年份** 不明
开放花型 大型花，单瓣

白色的花瓣映衬着黄色的花蕊，花朵非常美丽。

缫丝花
Rosa roxburghii

系统名 Sp **育种者** 无
国家 中国（发现）
年份 不明
开放花型 一部分看起来像是莲座状

开花后的形状宛如农历十六那天有缺口的月亮，因此别名为“十六夜蔷薇”。

罗兰·巴特夫人
Mme de la Rôche-Lambert

系统名 M
育种者 罗伯特
国家 法国 **年份** 1851年
开放花型 浅杯状

花朵完全打开后能看到紫红色的花蕊，具有强烈的大马士革香味。

适合用于花艺设计的玫瑰

有开花性好的玫瑰，有令人愉悦且独特的玫瑰，有颜色华丽的玫瑰，有开花期较长的玫瑰，还有从开花到凋谢不断变化的玫瑰……这里为大家介绍适合种植在花园或可以运用于花艺设计中的玫瑰品种。

巴黎
Paris
系统名 S
育种者 木村卓功
国家 日本 年份 2013年
开放花型 莲座状

翡翠岛
Emerald Isle
系统名 Cl
育种者 迪克森
国家 英国 年份 2008年
开放花型 高心型—莲座状

詹姆斯・高威
James Galway
系统名 S
育种者 大卫·奥斯汀
国家 英国 年份 2000年
开放花型 波浪边，四分莲座状

蜻蜓
Libellula
系统名 F
育种者 今井清
国家 日本 年份 2016年
开放花型 波浪边，莲座状

京
Miyako
系统名 Patio
育种者 玫瑰农场keiji
国家 日本 年份 2007年
开放花型 中型花，杯状

霞多丽
Chardonnay
系统名 Patio
育种者 小川宏
国家 日本 年份 2017年
开放花型 中型花，深杯状

完美捧花
Bouquet Parfait
系统名 HMsk
育种者 路易伦斯
国家 比利时 年份 1989年
开放花型 小型花，莲座状，成簇开放

柯林胭脂
Colline Rouge

系统名 F
育种者 河本纯子
国家 日本 **年份** 2016年
开放花型 半卷边—波浪边

伊芙伯爵
Yves Piaget

系统名 HT
育种者 法国玫昂月季公司
国家 法国 **年份** 1983年
开放花型 大型花，深杯状

雅
Miyabi

系统名 HT
育种者 国枝启司 Keiji Kunieda
国家 日本 **年份** 2014年
开放花型 莲座状

花艺设计 *Arrangement*

玫瑰小知识

用途不一的蔷薇果

蔷薇果指的是膨大的花托和里面包含的瘦果。一般来说果实富含维生素C、钙、铁、胡萝卜素β、维生素E、膳食纤维。据说食用蔷薇果后，体内吸收的维生素C能促进胶原蛋白的生成，从而让肌肤保持紧致和弹性；还能阻止因紫外线导致的胶原蛋白减少，抑制黑色素的产生，促进新陈代谢，具有美白的作用。此外，蔷薇果自古以来也被当作药材。

腺毛蔷薇

Rosa multiflora adenochaeta

系统名 Sp **育种者** 无

国家 日本（发现）

年份 1917年

开放花型 小型花，单瓣，成簇开放

直径约1厘米的蔷薇果是制作花环等工艺品的重要花材。

单瓣缫丝花

（别名：刺梨）

Rosa roxburghii normalis

系统名 Sp **育种者** 无

国家 中国（发现）

年份 无

开放花型 中型花，单瓣

散发着西洋梨般的香味。中国古时候就将其加工制作成药材、点心和花茶等。

皱叶玫瑰

Rosa rugose

系统名 Sp **育种者** 无

国家 无 **年份** 无

开放花型 中型花，单瓣

果实直径约2厘米，外表光滑，厚实的果肉很容易处理，是烹饪的重要食材。

多种多样的蔷薇果

单瓣白木香
Rosa banksiae normalis

单瓣月季花
Rosa chinensis var. spontanea

药用法国蔷薇（变种）
Rosa gallica var. officinalis

大花香水月季
Rosa gigantea

野蔷薇
Rosa multiflora

半重瓣白玫瑰
Rosa alba semiplena

系统名 A **育种者** 不明
国家 不明 **年份** 不明
开放花型 半重瓣

白蔷薇的原始品种，最近传言是最接近已绝迹的白蔷薇（Rosa alba）的品种。

犬蔷薇
Rosa canina

系统名 Sp **育种者** 无
国家 无 **年份** 无
开放花型 小型花，单瓣，成簇开放

犬蔷薇的蔷薇果制作成蔷薇果茶后相当受人们欢迎。

金樱子
Rosa laevigata

系统名 Sp **育种者** 无
国家 无 **年份** 无
开放花型 大型花， 单瓣

绿奶油色的蔷薇果，即使成熟后也不会变成红色，会直接从枝头脱落。

专题
2

花刺之美

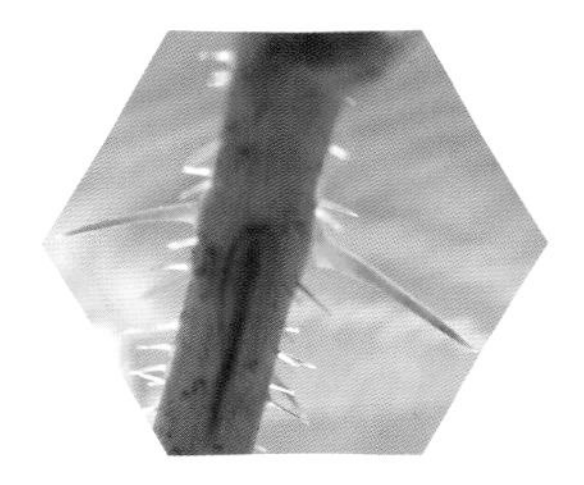
密刺蔷薇
Rosa spinosissima

药用法国蔷薇（变种）
Rosa gallica var. officinalis

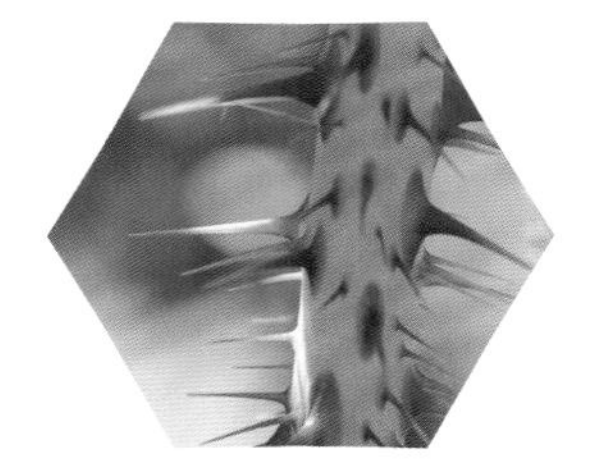
阿根索蔷薇
Rosa arkansana

斯坦威尔永恒
Stanwell Perpetual

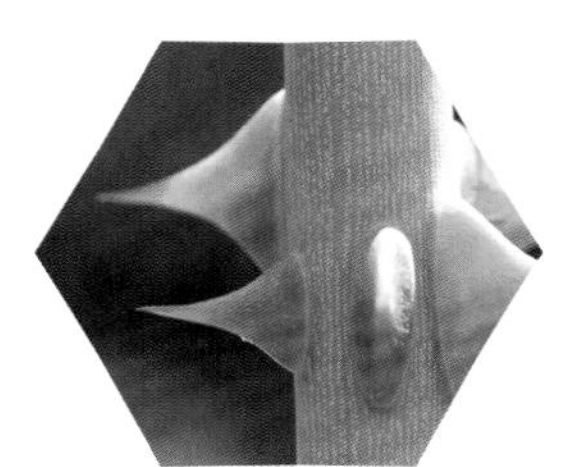
艾尔郡红
Ayrshire splendens

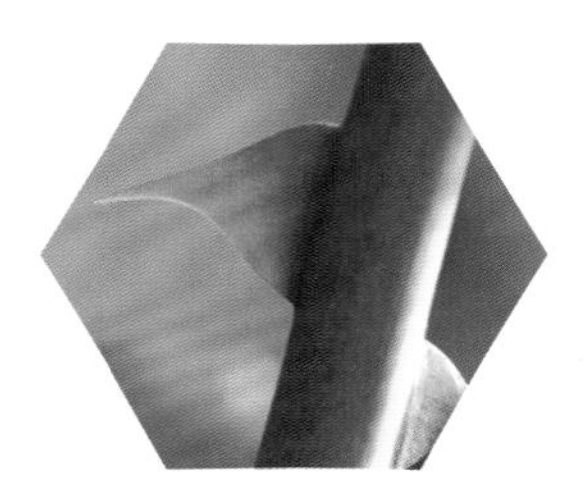
玫瑰“群芳谱”
Rosa Ruga

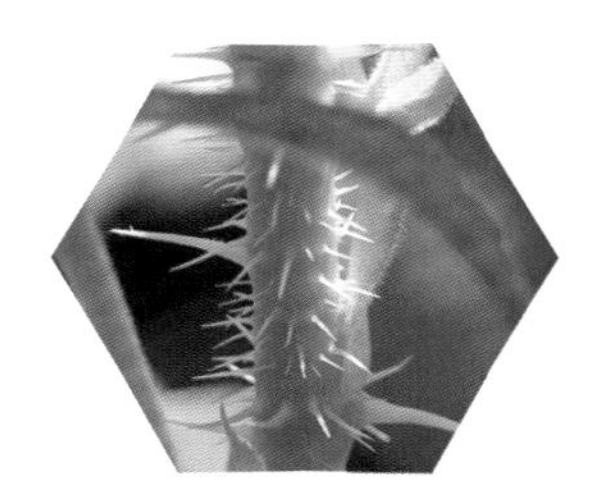
皱叶玫瑰
Rosa rugosa

山椒蔷薇
Rosa hirtula

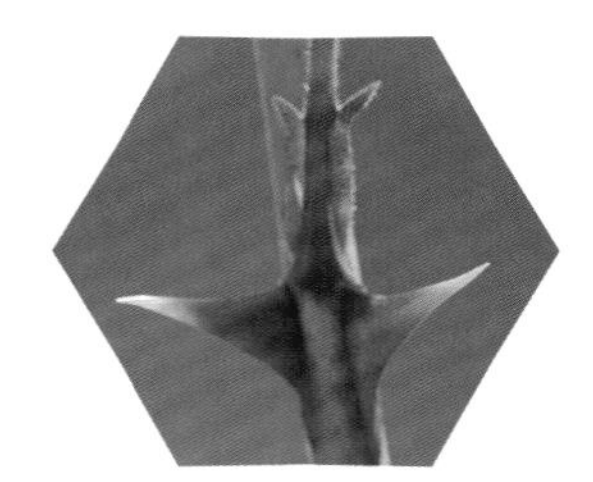
约克和兰开斯特玫瑰
York and Lancaster

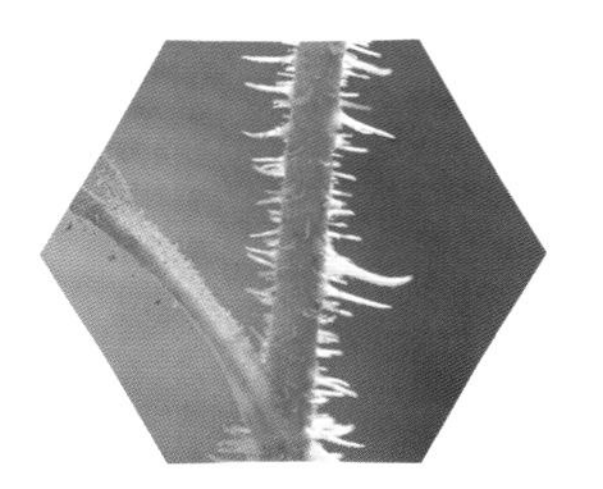

苔藓月季
Common Moss

紫叶蔷薇“卡梅内塔”
Rosa glauca Carmenetta

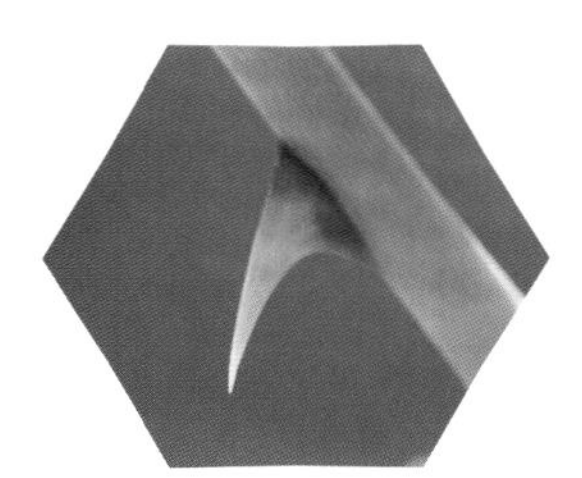

艾丽斯特・斯特拉・格雷
Alister Stella Gray

玛丽・范・豪特
Marie Van Houtte

卡赞勒克
Kazanlik

济南玫瑰
Ji Nang

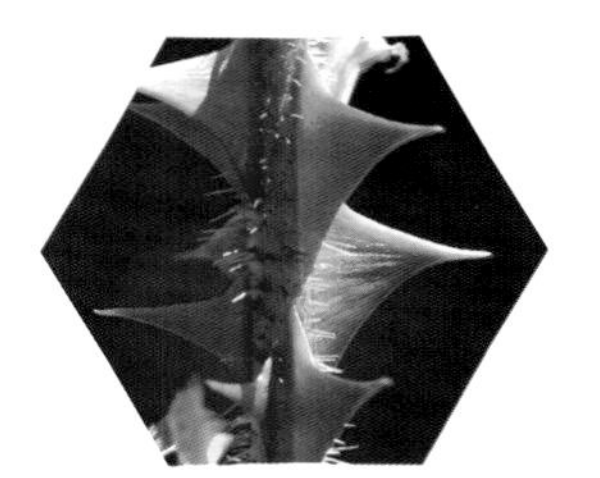

红翼
Red Wing

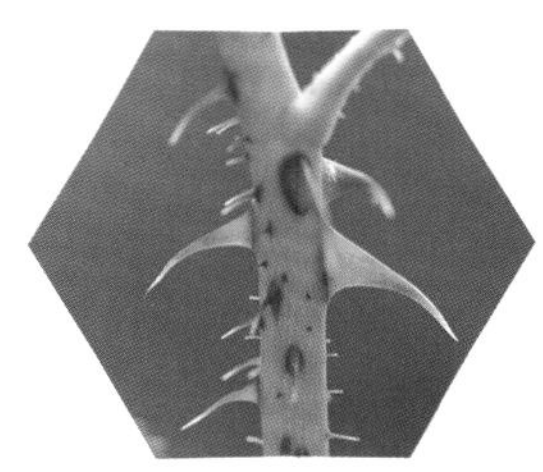

丹麦女王
Queen of Denmark

日本气泡酒
Mousseux du Japon

专题 3 变异品种的玫瑰

巴耶的紫玫瑰
Basye's purple Rosa

系统名 HRg
育种者 罗伯特·巴耶博士
国家 美国 **年份** 1968年
开放花型 单瓣

有着偏深紫色的红色花芯和近乎红豆色的枝条。

阿兰·布兰查德
Alain blanchard

系统名 HGal **育种者** 维博特
国家 德国 **年份** 1839年
开放花型 半重瓣

紫红色花瓣上带有淡紫色的小斑点。

斯派克的黄色玫瑰（别名：金色权杖）
Spek's yellow

系统名 HT **育种者** 切丝
国家 荷兰 **年份** 1950年
开放花型 卷边高心-平开开花

开花后花瓣会向后翻卷。

阿迪安蒂佛利亚
Adiantifolia

系统名 HRg **育种者** 不明
国家 不明 **年份** 1907年
开放花型 7枚花瓣平开

有着纤细柔软的叶子和仿佛石竹般的白色花朵。

维索尔伦
Verschuren

系统名 HT
育种者 安东尼·切丝
国家 荷兰 **年份** 1904年
开放花型 大型花，圆瓣

叶子上有美丽的斑纹。

斑叶光叶玫瑰
Rosa luciae veriegatus

系统名 Sp **育种者** 无
国家 无 **年份** 无
开放花型 小型花，单瓣

艳丽的叶子上带有斑纹，会开出惹人怜爱的白色花朵。

第三章

尽情享受玫瑰生活

story

3

因为热爱玫瑰，所以我的生活中充满了玫瑰的身影。

5 月是玫瑰的季节，我往往会在花园里举办派对，用玫瑰制作甜点和饮料，与亲朋好友一起分享这个季节独有的乐趣。将玫瑰用于染色或制成香包，则是最适合这个季节的手工活。若你深爱玫瑰到了一定程度，那么与玫瑰相关的古老花器、杯盘，甚至带有玫瑰图案的衣服，都可能成为你的收藏。我就是这样尽情享受与玫瑰一起生活的乐趣的。

玫瑰派对

在期待已久的玫瑰花季，尽情享受花园派对的乐趣。

派对的前一日，提前做好玫瑰糖浆。

在苏打水里加入玫瑰糖浆，制成迎宾饮料。

微风吹拂的5月，迎来了一年之中玫瑰盛放的季节。各种玫瑰争奇斗艳，虽然只有两周的盛开时间，但是它们的香味、颜色与姿态都令人不由得从心底感到轻松和愉悦。这是最好的玫瑰派对时间，请与亲朋好友一起分享吧。

同系列的蓝色餐具或茶具将玫瑰衬托得分外柔美。粉色和黄色玫瑰最适合搭配蓝、白两色，可以将空间变得更为丰富。

将刚刚剪切下来的橙色和粉色玫瑰盛放在小玻璃杯中，放在餐桌中央用翻糖玫瑰装饰的蛋糕旁，就成了派对餐桌上的小主角。

派对也可以是野餐的形式，英式野餐篮是野餐派对的点睛之笔。

铺好桌布，摆上从花园里剪下来的大花飞燕草，就可以迎接客人了。

派对上的英式桌面装饰。

Life with Rose

EAT

玫瑰之味

采用安全的有机种植的玫瑰可以放心食用。但是，无论哪种玫瑰，其美味程度都十分有限。在食用时，可挑选花瓣柔软、熬煮时浮沫较少、香气浓郁且不苦涩的品种。

玫瑰花糖

挑选香气宜人的中型玫瑰，将花瓣一片一片用砂糖包裹起来，就可以制成亮晶晶的美味甜点。做好的玫瑰花糖，需放置在通风良好的室内或冰箱的冷藏室里，充分干燥三至五日。如果想保存时间更长久，可在容器里放入干燥剂，三个月内食用完毕。

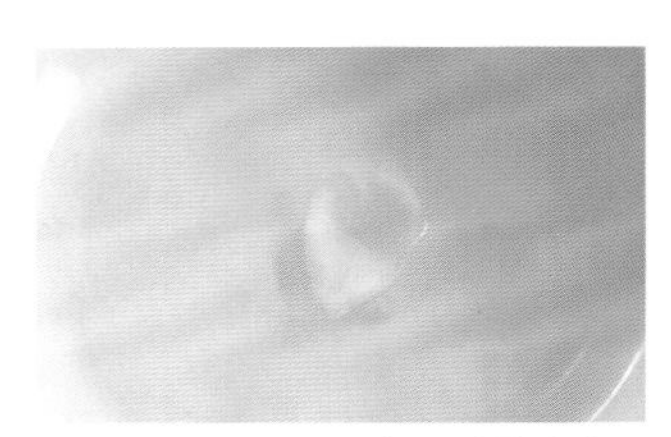

将洗净的花瓣浸泡在加了柠檬汁的蛋清里。

用砂糖包裹住花瓣。

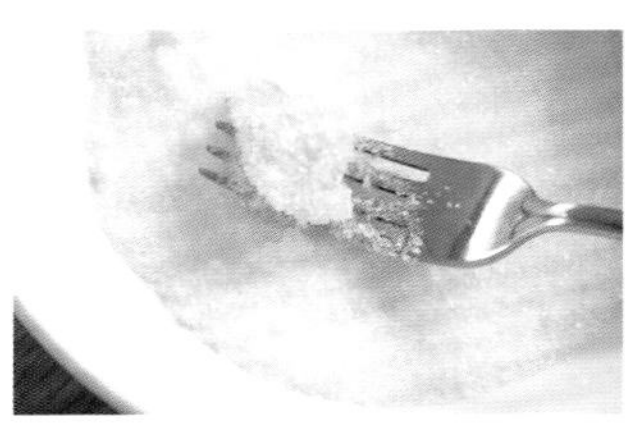

用叉子将裹好砂糖的花瓣取出，一片片分开放置晾干。

蔷薇果冻

将玫瑰花瓣加水和柠檬汁煮沸后，迅速加入 5 克明胶粉并不停搅拌，直到玫瑰汁变为透明状。然后倒入容器内，待其冷却凝固。

将 2 朵丰华玫瑰和 1 朵平阴玫瑰的花瓣洗净，并沥干水分。

将花瓣放入锅里，注入 300 毫升的水，加入 3 大勺砂糖，开中火不停搅拌。

煮沸后转小火，盖上锡纸再煮 3 分钟。这一步能防止水分蒸发和香气散失，是制作的重点。

伊顿麦斯

这款甜点以英国名校伊顿公学命名，在鲜奶油中拌入蛋白糖和草莓即可制成。浇上玫瑰酱或糖浆，就是玫瑰风味的伊顿麦斯。

玫瑰酱

在锅里注入半杯水，然后放入 3~4 朵柔软、不苦涩、煮沸后浮沫较少的玫瑰花，用中火煮 7~8 分钟，撇去浮沫。然后加入 3 大勺砂糖、1 小勺柠檬汁和 1 大勺果胶，继续煮 2~3 分钟，待其呈黏稠状后熄火，趁热倒入容器中。

玫瑰裱花蛋糕

将奶油玫瑰裱花装饰在纸杯蛋糕上，就成了时尚又可爱的创意蛋糕。

玫瑰戚风蛋糕

这款甜品的制作重点是须加入干燥玫瑰花瓣和利口酒。

材料：中等大小的蛋白 6 个、蛋黄 5 个，砂糖 100 克，低筋面粉 120 克，玫瑰利口酒 80 毫升，2 小勺柠檬汁，黄油 80 克，香味宜人的干燥玫瑰花瓣 8 克。

先将味道好闻的新鲜玫瑰花瓣和冰糖一同加入 35 度以上的烧酒中，制成玫瑰利口酒。

准备好香气怡人的干燥有机玫瑰花瓣。

将烤箱预热到 180 C。将一半砂糖加入蛋黄中，然后再倒入已存放一个月以上的利口酒，与柠檬汁和黄油共同搅拌均匀。

加入玫瑰花瓣和低筋面粉充分搅拌后，制成蛋黄糊。

将剩余砂糖加入蛋白中，打发至硬性发泡。将打好的蛋白与蛋黄糊翻拌混合均匀后倒入模具中，放入烤箱烘烤 40 分钟。待蛋糕冷却后，将打发好的鲜奶油涂抹在顶部，放上玫瑰作为装饰。

玫瑰曲奇饼干

将用玫瑰汁搅拌好的面糊装入裱花袋中，然后挤出自己喜欢的花纹，放入预热 170 C 的烤箱中烘烤 14~16 分钟即可。

将干燥的玫瑰花瓣加入面糊中，就能制成富有玫瑰香气的冰盒蛋糕。

玫瑰蛋糕卷

材料：鸡蛋 4 个、砂糖 30 克、低筋面粉 60 克

制作方法：

1. 将过筛后的低筋面粉与鸡蛋、砂糖混合搅拌均匀。
2. 将面糊平摊于铺了烘焙纸的烤盘上，放入预热 180 C 的烤箱内烘烤 12 分钟。
3. 待冷却后，涂上加入了玫瑰酱的鲜奶油，卷成蛋糕卷。
4. 蛋糕卷表面也涂抹上鲜奶油，并撒上玫瑰花瓣做装饰。

糖霜饼干

糖霜制作方法

翻糖糖膏、水、天然色素粉、可食用银色糖球和干燥玫瑰花瓣。

加入少量水后，用汤勺背面按压搅拌翻糖糖膏。

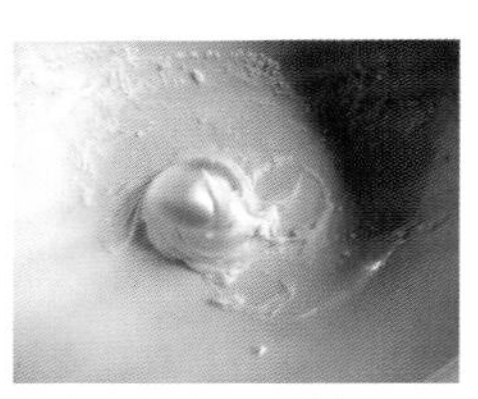

搅拌至倒钩状（硬性发泡），且用沾水线刀切割时，有粘连的感觉。

用裱花袋将糖霜挤到饼干上。把玫瑰花瓣修剪至合适大小，再用翻糖糖膏将修剪好的花瓣和银色糖球粘到饼干上进行装饰。

糖霜的正式名称为“皇家糖霜”，起源于 18 世纪的英国王室。它的主要成分为砂糖和蛋白，常用于蛋糕或饼干的装饰。推荐使用平阴玫瑰、“丰华”等玫瑰品种，这类香气好闻的红色小花瓣使用起来很方便。

饼干制作方法

材料：低筋面粉 200 克、黄油 100 克、砂糖 80 克、蛋黄 1 个、1 大勺牛奶、香草精少许

制作方法：

1. 将室温融化的黄油与砂糖及其他材料一起混合搅拌。
2. 加入低筋面粉搅拌后，用擀面杖擀平，并制作出想要的形状。
3. 放入烤箱 160° C 烘烤。冷却后就可以进行装饰了。

玫瑰利口酒

玫瑰利口酒是制作玫瑰风味蛋糕的重要原料。此外，还可以灵活使用它来制作鸡尾酒或其他饮品。制作方法同水果利口酒。

放入约占容器 2/3 的新鲜好闻的玫瑰花瓣，然后再加入约占容器 1/4 的冰糖。

最后倒入适量的 35 度以上的烧酒，在阴凉处放置至少一个月时间。喝时用滤网过滤掉花瓣即可。

玫瑰沙拉

用玫瑰花瓣和其他可食用花材的花瓣装饰沙拉，就成为一道可以快速完成的招待客人的料理。再加入玫瑰沙拉醋，便可用玫瑰治愈疲劳的身心。

在容器里放入玫瑰花瓣和砂糖，然后倒入苹果醋，静置一天。

第二天用滤网滤掉玫瑰花瓣，再混入其他调料即可。

玫瑰沙拉醋

用 5 朵玫瑰、砂糖、橄榄油、柠檬汁、香草盐和苹果醋等制成玫瑰沙拉醋，清爽的味道不仅与沙拉十分搭配，而且还会散发出淡淡的玫瑰香气。

Life with Rose
HOBBY

玫瑰手工

玫瑰装饰

用蔷薇果和当季植物装饰烛台。

用干燥的玫瑰花瓣、八角、姜饼和松塔制作香盘。

灵活运用玫瑰和蔷薇果制成圣诞装饰。

玫　瑰　圣　诞

冬日，盛开的玫瑰和蔷薇果。我们可以用玫瑰春季结成的蔷薇果装饰圣诞花环或英式圣诞蛋糕。

蔷　薇　果　花　环

红色和绿色的蔷薇果混搭，可以制作美丽的蔷薇果花环。

多花蔷薇的蔷薇果。

玫瑰香氛盐

将新鲜的玫瑰和香草用天然盐密封起来，就做成了外观优雅的玫瑰盐。

从花园里采摘新鲜又香气馥郁的大马士革玫瑰路易·欧迪、洋甘菊、香蜂草和薰衣草。

将以上花材和天然盐一起装入容器，并滴入数滴精油，然后密封起来，存放一个月左右即可。

取出并充分搅拌后放入盘中，就可以当作室内香氛使用。此外，还可以用作浴盐（敏感性肌肤慎用）。

玫瑰香囊

取香气浓烈的花瓣，洗净并沥干水分，平铺于铺有烘焙纸的盘中，放在室内自然干燥。

3~7日后，将干燥好的花瓣放入容器中，并加入干燥剂，这样就可以保存约一年时间。

如果不想弄散花瓣，可以将花束朝下倒挂干燥，这样有利于让人放松身心、恢复精神。

将干燥的玫瑰花瓣、叶子、香草、香辛料、树木的果实和果皮等混合后加入精油，一起放入容器中，然后密封3日左右，就可以充当制作香囊的材料或室内香氛。

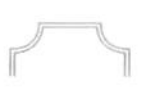

玫瑰植物染

用玫瑰给丝巾染色，犹如将玫瑰缠绕于身上。戴上优雅的染色丝巾，心情仿佛也变得如玫瑰色一样。
材料：350毫升的容器、与容器同体积的红色玫瑰花瓣、食醋、丝巾

常用的食醋就能提取玫瑰中的色素。因为很容易染色，可以体验重复染色的乐趣。将玫瑰花瓣在食醋中浸泡一整夜，就能得到红色的染液。

用手挤压玫瑰花瓣，尽可能挤出更多色素。然后过滤掉花瓣，将染液倒入盆中。

用水稀释染液的浓度。为了避免丝巾上色不均，可以用手按压。

浸泡30分钟左右，将丝巾用水清洗后阴干，就完成了。

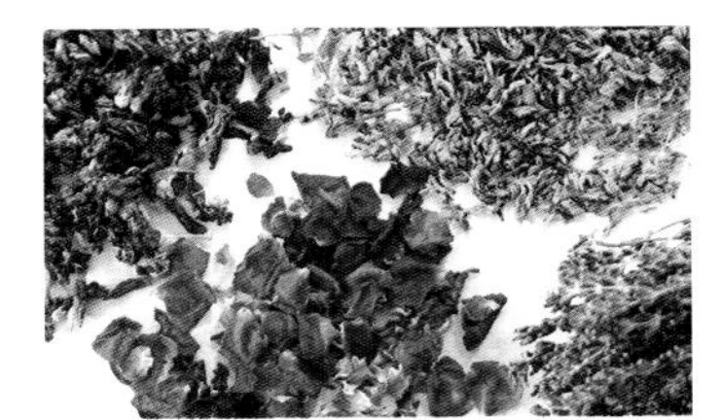

玫瑰、薰衣草等制成的干花。

干燥的冬季是最适合制作干花的季节。

将石蜡放入锅内加热，用筷子不停搅拌使其熔化。先将灯芯放入牛奶盒中固定，再在周围放入干燥的花朵，最后倒入石蜡即可。

将干燥的玫瑰花瓣和香草密封在蜡烛中。
材料：干燥的玫瑰、香草、牛奶盒和石蜡（片状）

在餐具上描绘玫瑰，甚至将自己栽培的玫瑰印在餐具上，想想就觉得十分美妙。使用玫瑰的方法有很多，平时仔细观察有助于创造出美丽的作品。

Life with Rose

LIFE

我的玫瑰收藏

和服是反映时代的一面镜子。大正至昭和年间的和服上绽放着当时被称为『洋花』的玫瑰，它们是非常珍贵的历史资料，避开战火，来到我的身边。

“豆沙色四季花纹正绢振袖”让人不禁联想到大正至昭和时代。振袖仿佛是一件艺术品，上面美丽的花朵被活灵活现地表现出来。

用写实手法描绘的玫瑰，反映了古时人们的梦想和憧憬。

黑底的名古屋带上大胆地绣出玫瑰从橙色到白色的渐变。

自明治维新以后，从西方引入日本的玫瑰等“洋花”深受人们喜爱，普通民众也可以买到。当时的郁金香、仙客来、银莲花等花卉，均由横滨园艺公司于 1912 年引进，因此带有这些花卉图案的衣服也应在这一年之后才出现。只有发自内心地喜爱这些外来的新品种花卉，才会想要在衣物上忠实地描绘出它们的美丽姿态吧。相对于写实的大幅“洋花”，日本传统吉祥花纹的代表梅花和菊花等也被小幅绘制在衣物上。无论什么年代，年轻女性总是走在时代的前沿。我们可以通过了解她们的兴趣喜好，从而了解其所处的时代。

上·“紫底玫瑰铃兰大丽花金纱缩面”为新艺术运动风格，其特征是展现以植物为主题的优美线条，在明治末年至大正时期传入日本。这件衣服所描绘的花卉有玫瑰、报春花、铃兰和当时被称为“天竺牡丹”的大丽花。
右·“红底玫瑰图样御召缩面振袖”上的抽象花纹，是日本大正末期受到艺术装饰风格影响的证明。和服上描绘的玫瑰，与当时流行的彩绘玻璃一样，为朴素且模式化的抽象设计。

“铭仙和服”是大正至昭和初期年轻女性喜爱的和服。虽然是100%的绢织物，但因为绢丝较粗，反而使得衣服结实耐穿，并且由于价格便宜，深受普通百姓欢迎。产地为日本枥木县足利市，群马县伊势崎市和桐生市，埼玉县秩父市，东京都八王子市等。这种故意错开经线（竖线）和纬线（横线），让颜色分界模糊的拼接技法在当时非常盛行。和服上的玫瑰面积大且用色大胆，可以感受到与日本传统典雅风格迥异的活力。

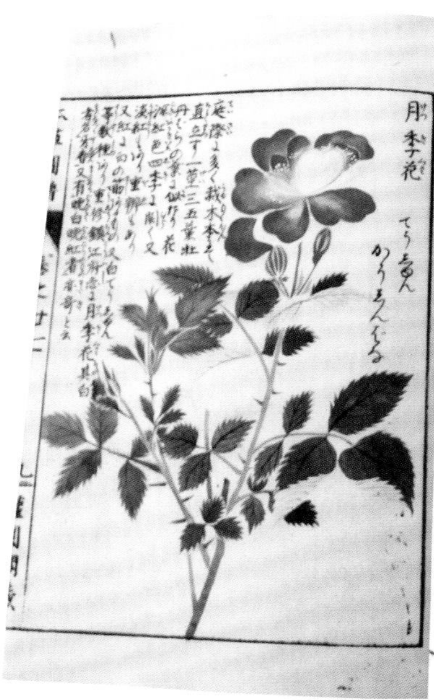

《本草图谱》蔓草部分第二十七卷的复印本。右页为白木香花，左页为月季。“本草”指的是传统中医药学中与草药（物）相关的部分。

在 1873-1874 年（明治六年至七年），日本才真正开始培育玫瑰的园艺品种。最初的 36 个品种由政府从美国引进，这些品种的花苗通过嫁接技术在民间广泛传播。此外，也有居住在日本的外国人通过港口贸易直接引种玫瑰并销售，使玫瑰渐渐普及全日本。由于想了解更多明治维新初期有关玫瑰的知识，我便收集了很多相关书籍。

《本草图谱》灌木部分第八十四卷。图中为木版手工上色的复印本。

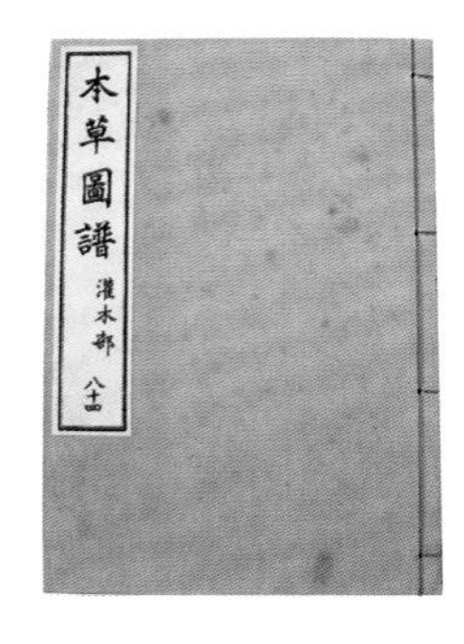

《本草图谱》由江户时代末期的植物学家岩崎灌园所著。他曾在小野兰山学习植物学，1818 年（文政元年）在堀田正敦的命令下开始绘制彩色版的《草本图说》（共六十三卷），献给当时的幕府。后以此为基础，岩崎灌园依照《本草纲目》的顺序，自行绘制了两千多种植物的图片，集大成为《本草图谱》，共九十六卷九十二册，于 1828 年完成。

左 · 1875 年 9 月发行的《亨德森蔷薇培养法》，由美国人彼得 · 亨德森著、水品梅处翻译（开物社藏书）。亨德森被誉为“园艺之父”。本书以玫瑰栽培方法为主，详细记录了扦插、嫁接等繁殖方法，以及与根系相关的玫瑰冬季管理方法。

右 ·《图解蔷薇栽培法》（上下册）

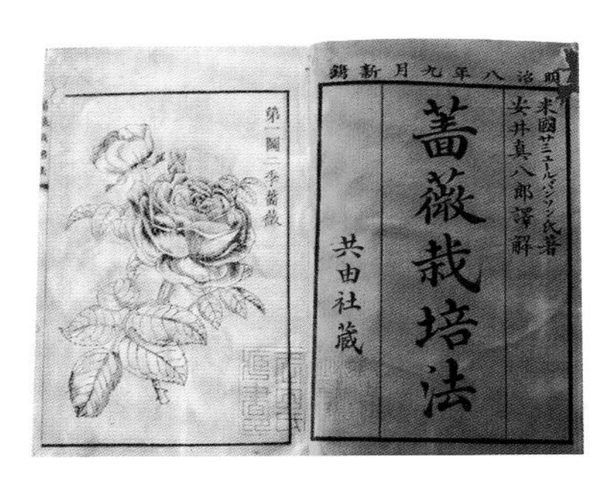

1875 年 9 月发行的《图解蔷薇栽培法》（上下册），由美国人塞缪尔 · 帕森斯著、安井真八郎翻译（共由社藏书）。帕森斯和哥哥一起创建了园艺公司，销售玫瑰和水果等，同时也编写玫瑰书籍。

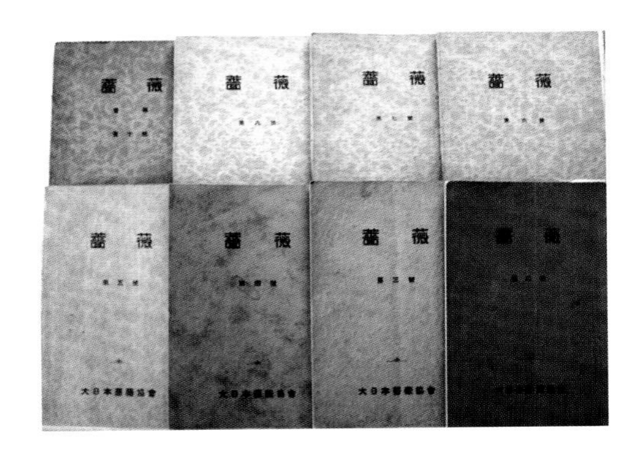

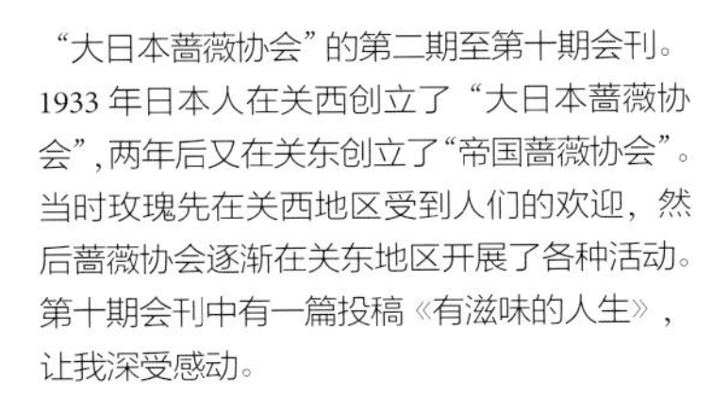

“大日本蔷薇协会”的第二期至第十期会刊。1933 年日本人在关西创立了“大日本蔷薇协会”，两年后又在关东创立了“帝国蔷薇协会”。当时玫瑰先在关西地区受到人们的欢迎，然后蔷薇协会逐渐在关东地区开展了各种活动。第十期会刊中有一篇投稿《有滋味的人生》，让我深受感动。

《大正三甲寅年略历》。左侧为阴历，中间写有“神武天皇即位纪元二千五百七十四年”，左边部分为中国的农历。年历背景为类似现代月季的图案和穿着和服的女性。

1902 年 7 月 10 日发行的《蔷薇栽培新书》是贺集九太郎的遗稿，由小山源治编辑（京都朝阳园）。其内容相当丰富，除了有植物分类学上的玫瑰、日本原生的玫瑰、中国玫瑰、江户时代的玫瑰、明治维新后的玫瑰和栽培法之外，还有汉诗、俳句、花语等。其中“玫瑰是文明进化之花”这句话令我至今印象深刻。

花器

不经意间，我惊觉家中已放满了饰有玫瑰图案的瓷器。其中大部分是奶壶、糖罐或饼干罐，部分古董瓷器可以用作花器，与古老玫瑰非常相配。

皇家哥本哈根瓷器 *Royal Copenhagen* 丹麦

利摩日瓷器 *Limoges* 法国

斯波德瓷器 *Spode* 英国

古董瓷器 法国

古董瓷器 法国

古董瓷器 英国

古董瓷器 日本

安兹丽瓷器 *Aynsleyu* 英国

斯波德瓷器 *Spode* 英国

银质古董壶 英国

古董瓷器 英国

则武瓷器 *Old Noritake* 日本

安兹丽瓷器 *Aynsleyu* 英国

古董瓷器 日本

则武瓷器 *Old Noritake* 日本

古董瓷器 英国

盘

我收集的玫瑰图样的盘子。有一些是来自英国和法国的古董瓷器，也有一部分是新品瓷器。这些瓷盘可以用来装饰房间，也可以在派对上使用。

与时代无关，这些描绘了玫瑰姿态的瓷器，都是我最珍贵的宝物。

白金汉宫瓷器 *Buckingham Palace* 英国

则武瓷器 *Old Noritake* 日本

赫伦瓷器 *Herend* 匈牙利

皇冠公爵瓷器 *Crown Ducal* 英国

赫伦瓷器 *Herend* 匈牙利

斯波德瓷器 *Spode* 英国

德累斯顿瓷器 *Dresden* 德国

赫伦瓷器 *Herend* 匈牙利

赖兴巴赫瓷器 *Reichenbach* 德国

明顿瓷器 *Mintons* 英国

皇家阿尔伯特瓷器 *Royal Albert* 英国

明顿瓷器 *Mintons* 英国

皇家伍斯特瓷器 *Royal Worcester* 英国

理查德·基诺里瓷器 *Richard Ginori* 意大利

品牌不明　日本

利摩日瓷器 *Limoges* 法国

专 题

4

玫瑰之旅

自古以来，人们就为玫瑰的魅力所征服，然而为什么人们会一直热衷于玫瑰呢？为了解开这个谜题，每年5月，在自家花园的玫瑰凋谢之后，我就会开始拜访国外的玫瑰花园和与玫瑰历史相关的地方，由此来了解玫瑰的故事与渊源，一边学习一边治愈自己的心灵。

闻名世界的白色花园——英国“西辛赫斯特城堡花园”。

位于法国北部，法国画家亨利·勒·西丹耶家旁边的玫瑰村庄“热尔伯鲁瓦”。

意大利久负盛名的“花之都”佛罗伦萨，可以从波波里花园的高台上眺望整个玫瑰园。

由英国的格拉汉·托马斯先生打造的“莫蒂斯方修道院”，这里是聚集了众多古老玫瑰品种的玫瑰圣地。

梅尔梅森城堡，拿破仑的皇后约瑟芬从世界各地收集的玫瑰就曾种植在这里。

从庞贝遗迹中挖掘出的约2000年前的一部分壁画，描绘了当时花园的样子。壁画后被制作成明信片。从中可以看到玫瑰被牵引到支柱上的样子。

第四章

打造一座玫瑰花园

story

4

打造一座玫瑰花园需要一些技巧和诀窍。
根据玫瑰的特性、玫瑰本身的颜色和大小、适合搭配的植物来布置花园，
这些也是打造一座花园的真正乐趣所在。
当美丽的玫瑰凋谢后，为了下一次的花开盛景，
需要进行除草、施肥、修剪打顶、种植移栽等园艺工作。

玫瑰花园的一年

3、4月

新叶和花蕾蓬勃生长

春季花芽和叶芽开始一起萌发，是新叶渐渐长大、生长旺盛的季节。当出现小小的花蕾时，喜悦的心情难以言喻。这是保护叶子和花蕾的重要季节。

5月

玫瑰最耀眼的时候

玫瑰齐开，整个花园都被玫瑰的香气所包围。这是玫瑰为了报答园丁们一年的照顾而感恩的幸福季节。这个时期，要尽自己所能地爱惜盛开的玫瑰，赞美拥有玫瑰的生活。

6月

花期结束之后，又是新一轮的开始

这个月是春季玫瑰结束的时期，也是要开始下一轮园艺作业的季节。需要摘除残花，清理植株底部的杂草，在根部施加秋肥，修剪整理枝条，预防病虫害。

7、8月

酷暑是玫瑰的大敌，害虫飞至

随着梅雨季节的结束，高温的季节袭面而来，此时要注意给玫瑰充足的水分。此外，还会有许多害虫飞至花园，要全力预防病虫害。修剪打顶、整理枝条，保持良好的通风环境是这个季节的重点。

玫瑰是能持续多年生长的植物，需要有长时间种植的心理准备。此外，东亚大部分地区四季分明，气候有从高温多湿到低温干燥的变化，因此要根据季节的变化进行相应的园艺作业。如此才能减轻玫瑰的负担，也能营造出适合玫瑰生长的良好环境。

最近出现了不少抗病性佳、更容易种植、更强健的玫瑰品种。在玫瑰的种植上必须下一番功夫，在合适的时期进行适当的作业，用专业的方法栽培，才能体会到与玫瑰一起生活的乐趣。（第184页详细介绍了一整年的施肥重点，可以对照参考。）

让玫瑰从夏季酷热中恢复过来

为了让玫瑰在秋季再次开出美丽的花朵，这时候要让状态不良的玫瑰从夏季酷暑中恢复过来。这个月上旬需要进行夏季修剪，添加活力剂或施肥以增加营养，为下个月的花季做准备。

秋季玫瑰开花的时节

由于与春季气候不同，秋季玫瑰开花缓慢，花期也更长。同时由于这个季节气温变化大，花色也会更深更艳丽。有着四季开花性和重复开花性的秋季玫瑰会让人心情愉悦。

最重要的冬季管理作业

冬季是进行添加底肥、替换盆栽旧土、种植移栽、牵引、修剪、强剪等管理的重要季节，与春季玫瑰的生长息息相关。在寒冷的季节里，切实管理好玫瑰是非常重要的。

黄色、杏色、奶油色、橙色和淡粉色的玫瑰聚集种植在一角。从右边开始依次为“仁慈的赫敏”、“金色边境”，后方是“帕特·奥斯汀”，左侧是番红花玫瑰。

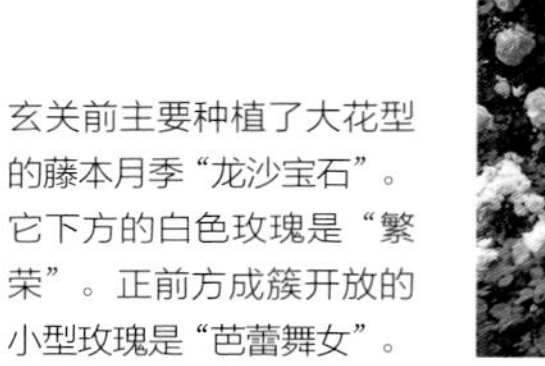

玄关前主要种植了大花型的藤本月季“龙沙宝石”。它下方的白色玫瑰是“繁荣”。正前方成簇开放的小型玫瑰是“芭蕾舞女”。

这是新家刚改造好时花园的样子，刚完成各种玫瑰的移栽。为了让玫瑰更好地攀爬，我在玄关的拱门前插了 8 根支柱。

房子改建十年后的样子，“保罗的喜马拉雅麝香”已经爬上了拱门顶部，继续向二楼的屋顶攀爬。只需稍微修剪，它们转眼间就能长得如此壮大。

从我开始接触玫瑰，至今已经过了 30 多年。这期间我曾将自家的房子进行改造，几乎所有的玫瑰都被挖出来移植到花盆里过渡。为了让攀缘性的玫瑰和藤本月季更好地攀爬，我在玄关前的拱门处增加了支柱。利用玫瑰的特性，有意识地制造攀爬的空间。

我努力打造出一个可以种植约 250 个品种的玫瑰花园，让这些玫瑰相互衬托搭配。比如，将同种类的玫瑰种植在一起，根据自然的花色变化组合搭配。此外，从远（后方）到近依次种植株型较高、中等高度、较矮的品种，同时还要考虑横向伸展性品种之间的高低差。另外，大花型玫瑰和小花型玫瑰的组合搭配，花色和株型，花朵的大小等，都是打造玫瑰花园时需要考虑的设计重点。

“康斯坦斯精神”攀爬在用英国进口材料打造的正宗英式住宅墙面上，和正前方的毛地黄形成粉色渐变的角落。

神谷家

给人一种身在英国美丽花园的错觉，花园的一角盛开着“格拉汉·托马斯”。

红色玫瑰“弗洛伦蒂娜”的旁边搭配种植着优美的小花型粉色玫瑰“保罗的喜马拉雅麝香”。

千叶家

“龙沙宝石”攀爬在玄关的拱门上。

赤石家

最前方的玫瑰是“崭新黎明”，后方的则是“保罗的喜马拉雅麝香”，这两种开花期都较晚的玫瑰和谐地一齐盛开。

藏野家

优雅复古的铁栅栏上盛开着白色“龙沙宝石”。

山协家

花园内侧是“西班牙美人”（左）和“威廉莫里斯”（右）。

植物的色彩搭配

橙色的玫瑰搭配白色玫瑰、银叶植物和外形优美的观叶植物。

浅杏粉色的玫瑰搭配紫色的林地鼠尾草。

白色的藤本月季和紫色的铁线莲相互映衬。

用心打造一座玫瑰花园，除了让大量盛开的玫瑰看上去更加美丽之外，周围还应搭配各种各样的植物。为了实现这一目标，必须考虑植物间的色彩搭配。

色彩搭配指的是色彩规划，具体而言就是在开始种植前决定花园的氛围，有目的地挑选各种颜色的植物。此时最便利的工具就是“色环”。色环上对角线位置的颜色是互补色，可以相互突显衬托花色。同色系相邻的颜色，则可以营造出颜色柔和变化的氛围。要想做好色彩搭配，还得根据花园的实际情况做出判断。

白色温彻斯特大教堂玫瑰的底部，种植了蓝色的大花飞燕和银叶的棉毛水苏，给人以清爽感。

“哈洛卡尔”（Harlow Carr）和风铃草的组合搭配。

淡黄色的“夏洛特”（Charlotte）和互补色的蓝色紫斑风铃草搭配。

与玫瑰相搭配的植物

紫花毛地黄

纤细的紫花毛地黄能够打造出竖直延伸的线条，提升纵向的空间感。

香彩雀

5 月至 10 月间反复开花，恰巧和玫瑰的花期相同，株高 20~50 厘米。

银叶菊

银叶植物能够提亮周围的植物，是可以营造出舒适沉稳气氛的魔法植物。

白花毛地黄

白花毛地黄是可以体现纵向线条感的植物，种植在玫瑰的旁边会令玫瑰更加显眼。

山桃草

有着蝴蝶般外形的山桃草大量绽放，更加突显出玫瑰的存在感。

老鹳草

在遮阴处也能健康旺盛生长，是适合种植在玫瑰下方的低矮植物。

玫瑰本身就很美丽，组合搭配上其他植物之后，就能打造出宜人的英式花园。

这里介绍了几种和玫瑰十分搭配的植物。推荐搭配有着细长穗状小花或极其细小花朵的植物，以及彩叶植物等。试着寻找可以展现玫瑰美丽姿态的搭配植物吧。

蕾丝花

白色的蕾丝花和任何植物都能很好地搭配，是非常重要的搭配植物。

共生植物

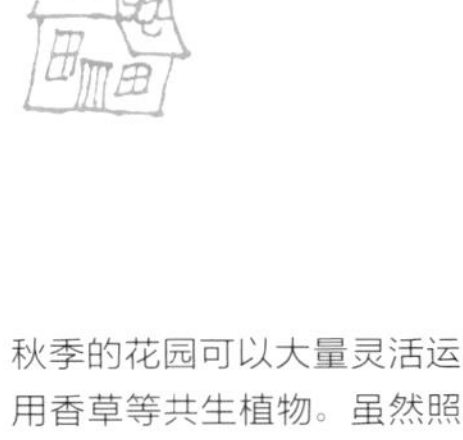

秋季的花园可以大量灵活运用香草等共生植物。虽然照片里没有拍摄到，但我认为最优秀的共生植物就是银香菊。银香菊的香味虽不能驱虫，但实际种植下来却发现可以减少玫瑰上的害虫。

“艾玛汉密尔顿夫人”的花盆前面种植着有利于玫瑰生长的西洋蓍草。它有着唇萼薄荷般的清爽香气，既可以作为地被植物，也可以用来驱虫。

为了避免夏季阳光直射花盆，可以在花盆周围种植辣薄荷。即使在没有玫瑰花开的时候，辣薄荷和香草也能治愈心灵。

堆叠成两层的花盆，上层花盆种植了玫瑰的新苗，下层则种植了可以驱虫的迷迭香和银叶百里香。香草的香味可以驱除害虫，减少病虫害。

共生植物指的是种植在周围，能够互相促进彼此生长的植物。玫瑰应选择那些能驱除附着在植株上的害虫，有助于减少病害发生等的共生植物。推荐种植能够起到预防病虫害作用的植物，以香草植物为主。

我除了享受种植玫瑰的乐趣之外，也会将玫瑰融入饮食中，运用到自己的日常生活中，因此会尽量避免使用化学杀虫剂或农药。共生植物只要能够稍微预防或减少病虫害的发生就好。

不单是要考虑植物之间的搭配，例如两层堆叠的花盆，下层的香草植物还可以起到保护玫瑰根系的作用。

玫瑰修剪要点——修整枝条、摘除残花、抹芽和打顶（摘心）

修整枝条和摘除残花是不可缺少的过程。一定要使用方便修剪的花钳（打顶和抹芽可以用手操作）。

修整枝条：根据植株的大小进行修剪。基本的冬季修剪要求为：HT 系统的要修剪到植株一半的高度，S 系统、F 系统和 Min 系统的则要修剪掉植株高度的 1/3。夏季修剪基本都会高于冬季修剪的位置。

摘除残花：摘除残花时，应在花朵下方第 5 片或第 7 片叶子的上方进行修剪。

抹芽：春季会萌发出大量的新芽，仔细观察的话会发现这些欺骗人的新芽并非花芽，而是叶芽。此外，在同一位置长出多个芽点时，应保留健康饱满的芽点，摘除不需要的芽点，这种操作称为“抹芽”。在进行抹芽时，不需要使用剪刀，直接用手摘除即可。

冬季修剪的例子。

冬季牵引的枝条上会长出新芽，新叶会渐渐长大。应摘除不必要的芽点。通风良好的环境有助于玫瑰生长和预防病虫害。

玫瑰的修剪以冬季修剪和夏季修剪为主。除此之外，当枝条交叉生长，枝条枯萎、过密，或是发现向内侧生长时，应尽早修剪，以保持良好的通风。除藤本月季外，其他月季 5 月底到 6 月萌发笋枝时，应从植株下方 6~8 片叶子的地方进行打顶（用手摘除）。如此一来，笋枝就不会夺取营养，这些营养就能分散供给其他枝条。这样反复进行 2~3 次，等到夏季修剪结束后，秋季就能开出壮观的花朵了。

此外，除非秋季想观赏蔷薇果，都应及时摘除残花。这样就不会发生灰霉病，从而影响枝条、叶子和新花朵的生长。成簇开花的玫瑰，可以在一丛凋谢后再摘除。除此之外，还可以在花朵下方第 5 片或第 7 片叶子的位置上方修剪，这样下一次就能开出更强健、更饱满的花朵了。

玫瑰的移栽和移植

高温烧结后的颗粒状木炭。木炭表面多孔，排水性良好，保湿性也很好，适合放入盆底并拌入培养土中，有利于根系生长。但如果放入过多，会导致土壤偏碱性，适得其反。

原本种植在花盆里的玫瑰苗，如果想要移植到其他花盆中或是改为地栽，可以在一年中的任何时候进行。但是地栽的玫瑰想要移植的话，只能选择在冬季进行。因为除了冬季之外，其他时候玫瑰的根系都不喜被切断。根系顶端的“根冠”是吸收水分和营养的重要部分，如果在冬季休眠期以外的时间被切断，就会无法吸收水分和营养。

地栽用土

在挖好的土坑（深度、直径约为 50 厘米）中加入适量的土、1 杯完全发酵的堆肥*、1 升泥炭土或小颗粒泥炭、500 克骨粉、300 克菜籽饼，混合搅拌。

* 油渣或骨粉的代替品，也可使用已发酵的有机肥料（Biogold经典款底肥 400 克）。

盆栽用土（8~9 号）

小颗粒赤玉土和完全发酵的堆肥以 6 : 4 或 7 : 3 的比例混合，再加入一撮小颗粒泥炭土，发酵好的有机肥料*（Biogold 经典款底肥 400 克），充分混合。

* 将肥料加入盆栽用土时，仅限使用完全发酵好的有机肥料。因为化学肥料会灼伤根系，导致植株枯萎。可先在花盆底部铺上高约 4 厘米的小颗粒木炭。

在花盆底部放入小颗粒木炭，这样根系就会生长良好，植株也会变得更壮实。

金龟子的成虫会在夏季飞来交配繁殖，将虫卵产在花盆里的泥土中。当虫卵孵化成幼虫后，会啃食玫瑰的根系，一旦发现必须立即消灭。

盆栽用的土，需要每年冬季的时候更换一次。换土时要注意检查是否有照片里的金龟子幼虫，根系上是否有根瘤病等。

日本弧丽金龟

黄纹花天牛

星天牛

聚集在玫瑰上的害虫

当看到星天牛、金龟子、日铜罗花金龟、花金龟亚科、玫瑰黄腹三节叶蜂、玫瑰短喙象虫、红蜘蛛、尺蛾、玫瑰茎蜂、切叶蜂、蚜虫时要特别注意，一旦发现应立即除虫。

食蚜蝇、瓢虫和草蛉会捕食蚜虫，植绥螨会捕食红蜘蛛，可以捕食所有虫类的雨蛙、螳螂和蜘蛛都是益虫。

施肥的重点

想要种好玫瑰，施肥是必不可少的。这一节会介绍和施肥相关的重点内容。请结合第174页的《玫瑰花园的一年》对照参考。

施肥的重点

必须考虑肥料三元素——氮肥、磷肥、钾肥——的用途、目的和使用的比例。

N: 氮肥主要作用于叶子和枝条

P: 磷肥主要作用于花朵和果实

K: 钾肥主要作用于根系

1月至2月	A 冬季底肥	1年份的营养
3月上旬至花蕾开始有颜色	B 春季的追肥	2周施肥1次
花苞开始有颜色至开花期	不需要施肥	
6月上旬	C 花后礼肥	
7月	C花后礼肥	
8月下旬至9月上旬	C花后礼肥	
9月上旬至花蕾开始有颜色	B' 秋季的追肥	2周施肥1次
花苞开始有颜色至开花期	不需要施肥	

A 冬季底肥

1杯完全发酵的堆肥，1升泥炭土或小颗粒泥炭土，骨粉500克，菜籽饼300克。

注：盆栽种植的底肥，可以使用完全发酵的堆肥、泥炭土和小颗粒泥炭土，必须使用已发酵的有机肥料。

B 春季的追肥

使用含磷较多的液体或固体肥料。

C 花后礼肥

为了促进笋枝萌发，需要使用氮、磷、钾含量均衡的肥料。

B' 秋季的追肥

使用含磷较多的液体或固体肥料。

arigato♡

第五章

玫瑰的秘密

story

5

当下充斥的与玫瑰有关的各种信息，是至今仍有许多人喜爱玫瑰的证明。
除了那些已被载入荣誉殿堂的玫瑰之外，今后一定还会有更多新品种的玫瑰诞生。
本章则是为大家介绍这些破解玫瑰秘密的关键。

关于玫瑰的问答 *Q&A*

Q.1 有什么方法可以让剪下的玫瑰长期保持观赏状态？

A.1 用剪刀斜着修剪枝条底部，增大切口面积，使玫瑰可以大量吸收水分。当玫瑰显得没精神或状态不好时，就用同样的方法继续剪切。

Q.2 有必要给玫瑰制作名牌吗？

A.2 将玫瑰的品种名写下来做成名牌是十分有必要的。如果没有名牌，就难以正确地理解玫瑰的系统区分、株型、花色、花型和香味等信息。

Q.3 哪里可以购买到玫瑰苗？

A.3 最好的方法是现场挑选购买品质优良的玫瑰苗。如果家附近没有花店，可以从口碑较好的可靠玫瑰苗网店购买。

Q.4 世界上最长寿的玫瑰是？

A.4 德国西北部的希尔德斯海姆市的圣米迦勒教堂的花园里，有一棵传说在公元 815 年种植、树龄已有 1200 多年的玫瑰，它就是世界上最古老的玫瑰。这株玫瑰至今仍存活在世上。

Q.5 世界上规模最大的玫瑰园是？

A.5 世界上规模最大、名声较高的玫瑰园是位于日本岐阜县可儿市的“花展纪念公园”（Flower Festival）。整座公园占地面积约 807 000 平方米，有近 7000 个品种、3 万株玫瑰。

Q.6 令人憧憬的世界玫瑰谷在哪里？

A.6 玫瑰精油产量占到世界 80% 的保加利亚巴尔干山南麓与斯特里亚马河之间的地带，被称为“玫瑰谷”。东部小城卡赞勒克也是一种玫瑰的名字。

Q.7 种植过玫瑰的地方是否还能再次种植？

A.7 再次种植在同一场所的玫瑰，植株生长会受到影响，这种情况被称为“忌地现象”。如果需要在同一个地方种植，必须铲掉旧土，加入新土后才能种植。

重瓣异味蔷薇
Rosa foetida 'Persiana'

系统名 Sp **育种者** 无 **国家** 中东和近东地区（发现）
年份 1837年（发现）
开放花型 杯状—四分莲座状

杂交茶香玫瑰黄色花系的第一号“金太阳”的近亲品种。foetida 是臭的意思，这是一种有着独特青草味的蔷薇。

绿萼
Viridiflora

系统名 Sp **育种者** 约翰·史密斯（发现）
国家 美国（发现） **年份** 1827年（发现）
开放花型 小型花，菊花状

别名“绿玫瑰”。完全四季开花性的玫瑰，它的“花瓣”其实是形似花瓣的萼片，盛开时如同绿色的菊花一般。一朵花约有100枚“花瓣”，花色会从绿色逐渐变成红褐色。

红色眼睛（别名：梅朗惊喜）
Exiting Meilland

系统名 HT **育种者** Meilland公司 **国家** 法国
年份 2012年 **开放花型** 增生型

因具有从花中再长出花的增生特性，而被固定种植的品种。自从发表以后，它一直被作为切花品种销售。外观令人印象深刻。

巴比伦埃利都
Eridu Babylon

系统名 S **育种者** 罗伯特·伊辛克 **国家** 荷兰
育出年 2006年 **开放花型** 单瓣

以古国巴比伦命名，继承了生长在中东和近东地区高温干燥的沙漠地带的单叶蔷薇的血统，一年仅开一次花。花瓣中心有着红色眼睛一样的斑纹。

作者珍藏的玫瑰花园信息分享

日本东京都立神代植物公园
日本东京都调布市深大寺元町5-31-10

花菜花园
日本神奈川县平塚市寺田绳496-1

川崎生田绿地玫瑰苑
日本神奈川县川崎市多摩区长尾2-8-1

佐仓草笛之丘玫瑰园
日本千叶县佐仓市饭野820

京成玫瑰园
日本千叶县八千代市大和田新田755

David Austin ENG.R.G
日本大阪府泉南市幡代2001

国营越后丘陵公园
日本新潟县长冈市宫本东方町字三之又1950-1

横滨英国玫瑰园
日本神奈川县横滨市西区西平沼町6-1 tvk ecom park内

Rosa & Berry 多和田
日本滋贺县米原市多和田605-10

豪斯登堡
日本长崎县佐世保市豪斯登堡町1-1

推荐的销售玫瑰苗的网店

京阪园艺Gardener网店
京成玫瑰园艺网店
玫瑰之家（玫瑰专卖店）网店
David Austin Rose玫瑰苗官方网店
坂田育种园艺用品网店
公益财团日本玫瑰协会会员创出花网店

专 题
5

载 入 荣 誉 殿 堂 的 玫 瑰

古老玫瑰

个别评选“塞西尔·布伦纳”（Cécile Brūnner）（Pol）
个别评选“第戎的荣耀”（Gloire de Dijon）（N）
个别评选“月月粉”（Old Blush）（Ch）
个别评选“马美逊的纪念”（Souvenir de la Malmaison）（B）
2000年 第12届 美国休斯敦大会“国色天香”（Gruss an Teplitz）（Ch）
2003年 第13届 英国格拉斯哥大会“卡里埃夫人”（Mme Alfred Carriere）（N）
2006年 第14届 日本大阪大会“哈迪夫人”（Mme Hardy）（D）
2009年 第15届 加拿大温哥华大会“曼迪玫瑰”（Rosa mundi）（G）
2012年 第16届 南非约翰内斯堡大会“药用法国蔷薇（变种）”（Rosa gallica var. officinalis）（G）
2012年 第16届 南非约翰内斯堡大会“蝴蝶玫瑰”（Mutabillis）（Ch）
2015年 第17届 法国里昂大会“查尔斯的磨坊”（Charles de Mills）（G）
2018年 第18届 丹麦哥本哈根大会“黄木香”（Rosa banksiae f. lutea）（Sp）

现代月季

1976年 第3届 英国牛津大会“和平”（Peace）法国玫昂月季公司
1979年 第4届 南非比勒陀利亚大会“伊丽莎白女王”（Queen Elizabeth）美国拉梅尔斯
1981年 第5届 以色列耶路撒冷大会“香云”（Fragrant Cloud）德国坦陶
1983年 第6届 德国巴登巴登大会“冰山”（Iceberg）德国科德斯
1985年 第7届 加拿大多伦多大会“红双喜”（Double Delight）美国斯威姆
1988年 第8届 澳大利亚悉尼大会“玫昂爸爸”（Papa Meiland）法国玫昂月季公司
1991年 第9届 英国贝尔法斯特大会“帕斯卡利”（Pascali）比利时伦斯
1994年 第10届 新西兰克赖斯特彻奇大会“杰乔伊”（Just Joey）英国坎特斯·科尔切斯特
1997年 第11届 比荷卢三国(比利时、荷兰、卢森堡)大会“崭新黎明”（New Dawn）美国萨默塞特
2000年 第12届 美国休斯敦大会“英格丽·褒曼”（Ingrid Bergman）丹麦包尔森
2003年 第13届 英国格拉斯哥大会“博尼卡82”（Bonica 82）法国玫昂月季公司
2006年 第14届 日本大阪大会“伊琳娜”（Elina）英国迪克森
2006年第14届 日本大阪大会“龙沙宝石”（Pierre de Ronsard）法国玫昂月季公司
2009年 第15届 加拿大温哥华大会“格拉汉·托马斯”（Graham Thomas）英国大卫·奥斯汀
2012年 第16届 南非约翰内斯堡大会“莎莉·福尔摩斯”（Sally Holmes）英国福尔摩斯
2015年 第17届 法国里昂大会“鸡尾酒”（Cocktail）法国玫昂月季公司
2018年 第18届 丹麦哥本哈根大会“绝代佳人”（Knock Out）法国玫昂月季公司

*Sp（原生蔷薇），即除玫瑰月季之外的原生蔷薇。

1. 卡里埃夫人（Mme Alfred Carriere，古老玫瑰）

2. 月月粉（Old Blush，古老玫瑰） 3. 药用法国蔷薇（变种）（Rosa gallica var. officinalis，古老玫瑰）

4. 冰山（Iceberg，现代月季） 5. 崭新黎明（New Dawn，现代月季）

6. 龙沙宝石（Pierre de Ronsard，现代月季）

*所谓“载入荣誉殿堂的玫瑰”，指的是在世界玫瑰协会联盟(WFRS) 每隔三年举办一次的“世界玫瑰会议”上评选出的获奖玫瑰。

后记

如今，有许多用玫瑰制成的商品，包括用玫瑰做的护肤品、化妆品和点心。使用的原料不同（天然的还是化学合成的），其价格也高低不等。现在的年轻人在接触真实的玫瑰之前，有很多机会接触到与玫瑰相关的商品。但当人们细嗅真实的玫瑰香味之后，大多会觉得化妆品的气味非常难闻。这个世界上有如此之多的玫瑰，但了解玫瑰的人并不会因此而增加。只有自己种植过玫瑰，才能增加接触玫瑰的时间，从而深入了解玫瑰。玫瑰能告诉你的知识，远超乎你的想象。与玫瑰一起生活，深刻了解玫瑰的世界，也能丰富自己的心灵。

借由出版本书的机会，特此感谢两年来不间断来我家拍摄玫瑰照片的大作晃一先生，以及给我提供了不少建议的编辑藤井文子小姐，还有其他支持我的各位。在此真心地表达我的谢意。

元木春美